服装
打板技术
全编 （修订本）

张孝宠
桂仁义 著

上海文化出版社

图书在版编目（CIP）数据

服装打板技术全编／张孝宠、桂仁义著. 修订本—上海：
上海文化出版社，2005（2018.8重印）
ISBN 978 - 7 - 80646 - 847 - 0

Ⅰ. 服… Ⅱ.①张…②桂… Ⅲ. 服装 – 设计 Ⅳ. TS941.2

中国版本图书馆 CIP 数据核字（2005）第 078903 号

责任编辑　何智明　余桂英
封面设计　周艳梅

书　　名　服装打板技术全编（修订本）
出版发行　上海文化出版社
地　　址　上海市绍兴路7号
电子信箱　cslcm@public1.sta.net.cn
网　　址　www.shwenyi.com
邮政编码　200020
经　　销　新华书店
印　　刷　上海天地海设计印刷有限公司
开　　本　787×1092　1/16
印　　张　18.5
图　　文　296面
版　　次　2005 年 8 月第 1 版　2018 年 8 月第 14 次印刷
国际书号　ISBN 978 - 7 - 80646 - 847 - 0/TS·292
定　　价　35.00 元

告读者　本书如有质量问题请联系印刷厂质量科
T: 021 - 64366274

序

　　服装设计制作是一桩系统工程。一件成功的服装不外三方面的因素：款式，结构加工艺。但这三者并非简单的 $1+1+1=3$，而是有机结合，融为一体的。属于服装结构范畴的样板制作(打板)，它是服装设计灵魂的具体化表现，是整个服装工艺流程中极为重要的一环，是一门艺术性和技术性很强的工作。如果将之称作为联结款式和工艺的桥梁，也并不为过。作为服装打板师，不仅要对服装款式有准确的判断力和丰富的想象力，还必须具备人体构成、面料性能、工艺要求、服装号型、服务对象等诸多方面的知识，才能将服装样板制作好。因此，打板技术历来为服装界所重视，也是我们服装院校重要的教学内容。

　　本书作者张孝宠老师从事服装专业二十余年，其中有十多年活跃在教学第一线。她边干边学，边教边学，勤于探索，勇于纳新，不断总结，具有较高的艺术造型能力、结构设计技巧和工艺制作水平。正因为此，无论是给学生上课，还是实际动手操作，她都显得从容不迫，游刃有余。

　　本书介绍的服装打板技术是作者对中国人的体型特征进行长期的观察分析，并借鉴海内外多种制板流派之长，通过多年的打板和教学实践，总结而成的，具有科学性、系统性和实用性。全书按服装大类分类编排，从部件分析到整装结构，从每一类服装的基本型态到变化款式的打板实例，无不遵循由浅入深、深入浅出、学以致用的原则，编排合理，结构严谨，易学易懂。它的初稿在本院作教材试用，受到各届学员的好评。

　　在本书正式出版之际，我真诚地向服装打板专业人员和服装院校师生推荐这部教材；同时，我也想对业余服装爱好者说一声：它同样是你们进入打板技术之门的领路之作。

上海服装进修学院院长、教授　朱世昌

目　录

第一章 服装结构与打板设计概要

第一节 服装结构设计基础

一、服装结构与人体构成

人体构成即人体结构特征的主要体现。研究人体构成主要是为了使服装结构更具合理性、科学性,适合于人体结构特征。与服装相关的人体构成内容一般包括长度,围度,横截面、纵切面解剖,及服装三度空间结构原理、人体活动的舒展幅度等。

下面让我们来了解一下与服装相关的人体的主要基准点,基准线,以及形态特征。

1. 与服装相关的人体主要基准点(图 1-1)

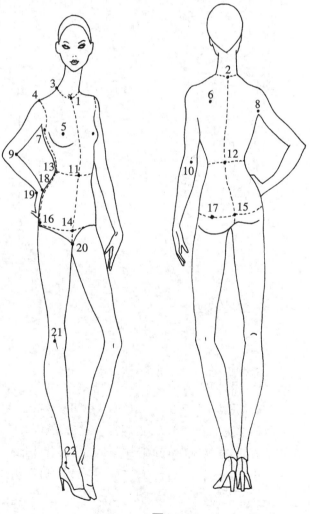

1. 颈窝点　　2. 颈椎点　　3. 颈肩点

4. 肩端点　　5. 乳高点　　6. 背高点

7. 前腋点　　8. 后腋点　　9. 前肘点

10. 后肘点　　　11. 前腰中点

12. 后腰中点　　13. 腰侧点

14. 前臀中点　　15. 后臀中点

16. 臀侧点　　　17. 臀高点

18. 前手腕点　　19. 后手腕点

20. 会阴点　　　21. 膝骨点

22. 外踝骨点

图 1-1

1

2. 与服装相关的人体主要基准线 (图 1-2)

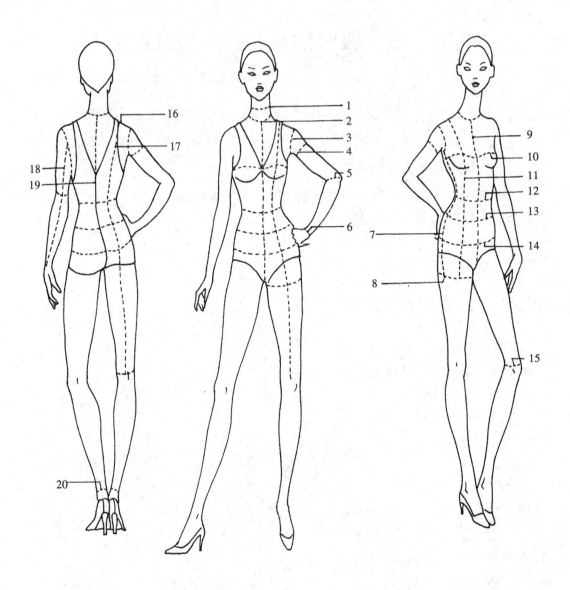

1. 颈围线　　　2. 颈根围线　　3. 臂根围线　　4. 臂围线　　　5. 肘围线
6. 手腕围线　　7. 正侧线　　　8. 腿围线　　　9. 前中心线　　10. 胸围线
11. 胸高纵线　12. 腰围线　　13. 腹围线　　14. 臀围线　　15. 膝围线
16. 肩中线　　17. 背高纵线　18. 后肘弯线　19. 后中心线　20. 脚踝围线

图 1−2

3. 与服装相关的人体主要部位形态特征(图 1-3)

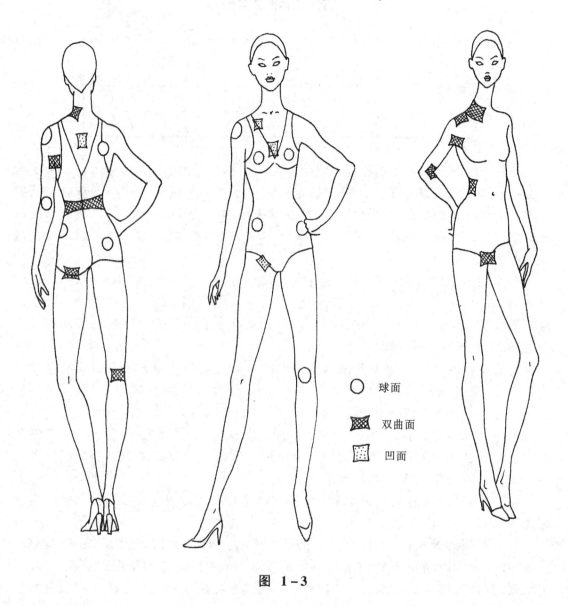

○ 球面

▨ 双曲面

▦ 凹面

图 1-3

二、服装号型系列设置

1. 服装号型

服装号型是打板时制定规格尺寸的依据。"号"指人体的身高,它是设计和选购服装长短的依据;"型"指人体的上体胸围和下体腰围,它是服装肥瘦的依据。此外,为了划分体型,男女服装号型还以人体胸围与腰围的差数为依据,将体型划分为四类,代号分别为 Y、A、B、C(见下表)。

<h2 style="text-align:center">中国人体型分类</h2>

单位:cm

性别 \ 胸腰差 \ 体型	Y	A	B	C
男	22～17	16～12	11～7	6～2
女	24～19	18～14	13～9	8～4

早在1981年我国就实施了服装号型的国家标准。经过十年的运用,在1991年国家技术监督局又发布了新的号型标准,它是建立在大量科学调查的基础上研究制定的与国际接轨的服装号型标准,具有准确性和权威性。1997年,再次颁布经修订的服装号型标准,此标准在修订中参考了国外有关先进标准,越来越适应我国服装业的工业化生产。

号型的表示方法为:号/型,后接体型分类代号。如女上装160/84A,其中,"160"代表号,表示身高160cm,"84"代表型,表示净胸围84cm,A代表体型类别。再如下装160/68A,其中,"160"代表号,表示身高160cm,"68"代表型,表示净腰围68厘米,A代表体型类别。

需要说明的是,服装号型中以胸腰围的差数为划分体型依据,这具有科学性和实用性,涵盖面相当广。但人体毕竟是千差万别的,在实际操作中,还须考虑以下两点与人的体型相关的因素:

第一、前颈腰长与后颈腰长的差,即前后腰节差。这个数值最能表示出正常人体与挺胸凸肚体或躬背体型的差别,也可用来作为划分体型依据。前后腰节差一般是女装打板时需经常考虑的因素。

第二、各种人体有关尺寸的比例,例如体重与身高之比,某一围度尺寸与身高之比,不同围度的尺寸之比等等。

号型系列的设置:以各体型的中间体为中心,向两边依次递增或递减;身高以5cm跳档;胸围以4cm分档;腰围以4cm、2cm分档;身高与胸围搭配组成5·4号型系列,身高与腰围搭配组成5·4、5·2号型系列。在5·4、5·2Y、B、C三种号型系列中,一个数值的胸围搭配两个数值的腰围,而A号型系列,一个胸围数值搭配三个数值的腰围。下面将分别列出男女服装号型各系列控制部位数值。

2. 服装号型各系列控制部位数值

控制部位数值是指人体主要部位的数值(系净体数值),是设计服装规格的依据。

(1)女装服装号型各系列控制部位数值

女装 5·4、5·2Y 号型系列控制部位数值表

单位:cm

Y													
部位	数 值												
身高	145		150		155		160		165		170		175	
颈椎点高	124.0		128.0		132.0		136.0		140.0		144.0		148.0	
坐姿颈椎点高	56.5		58.5		60.5		62.5		64.5		66.5		68.5	
全臂长	46.0		47.5		49.0		50.5		52.0		53.5		55.0	
腰围高	89.0		92.0		95.0		98.0		101.0		104.0		107.0	
胸围	72		76		80		84		88		92		96	
颈围	31.0		31.8		32.6		33.4		34.2		35.0		35.8	
总肩宽	37.0		38.0		39.0		40.0		41.0		42.0		43.0	
腰围	50	52	54	56	58	60	62	64	66	68	70	72	74	76
臀围	77.4	79.2	81.0	82.8	84.6	86.4	88.2	90.0	91.8	93.6	95.4	97.2	99.0	100.8

女装 5·4、5·2A 号型系列控制部位数值表

单位:cm

A																				
部位	数 值																			
身高	145			150			155			160			165			170			175	
颈椎点高	124.0			128.0			132.0			136.0			140.0			144.0			148.0	
坐姿颈椎点高	56.5			58.5			60.5			62.5			64.5			66.5			68.5	
全臂长	46.0			47.5			49.0			50.5			52.0			53.5			55.0	
腰围高	89.0			92.0			95.0			98.0			101.0			104.0			107.0	
胸围	72			76			80			84			88			92			96	
颈围	31.2			32.0			32.8			33.6			34.4			35.2			36.0	
总肩宽	36.4			37.4			38.4			39.4			40.4			41.4			42.4	
腰围	54	56	58	58	60	62	62	64	66	66	68	70	70	72	74	74	76	78	78	80	84
臀围	77.4	79.2	81.0	81.0	82.8	84.6	84.6	86.4	88.2	88.2	90.0	91.8	91.8	93.6	95.4	95.4	97.2	99.0	99.0	100.8	102.6

女装 5·4、5·2B 号型系列控制部位数值表

单位:cm

B

部位	数　值						
身高	145	150	155	160	165	170	175
颈椎点高	124.5	128.5	132.5	136.5	140.5	144.5	148.5
坐姿颈椎点高	57	59	61	63	65	67	69
全臂长	46	47.5	49	50.5	52	53.5	55
腰围高	89	92	95	98	101	104	107

胸围	68	72	76	80	84	88	92	96	100	104
颈围	30.6	31.4	32.2	33	33.8	34.6	35.4	36.2	37	37.8
总肩宽	34.8	35.8	36.8	37.8	38.8	39.8	40.8	41.8	42.8	43.8

腰围	56	58	60	62	64	66	68	70	72	74	76	78	80	82	84	86	88	90	92	94
臀围	78.4	80	81.6	83.2	84.8	86.4	88	89.6	91.2	92.8	94.4	96	97.6	99.2	100.8	102.4	104	105.6	107.2	108.8

女装 5·4、5·2C 号型系列控制部位数值表

单位:cm

C

部位	数　值						
身高	145	150	155	160	165	170	175
颈椎点高	124.5	128.5	132.5	136.5	140.5	144.5	148.5
坐姿颈椎点高	56.5	58.5	60.5	62.5	64.5	66.5	68.5
全臂长	46	47.5	49	50.5	52	53.5	55
腰围高	89	92	95	98	101	104	107

胸围	68	72	76	80	82	84	92	96	100	104	108
颈围	30.8	31.6	32.4	33.2	34	34.8	35.6	36.4	37.2	38	38.8
总肩宽	34.2	35.2	36.2	37.2	38.2	39.2	40.2	41.2	42.2	43.2	44.2

腰围	60	62	64	66	68	70	72	74	76	78	80	82	84	86	88	90	92	94	96	98	100	102
臀围	78.4	80	81.6	83.2	84.8	86.4	88	89.6	91.2	92.8	94.4	96	97.6	99.2	100.8	102.4	104	105.6	107.2	108.8	110.4	112

（2）男装服装号型各系列控制部位数值

男装5·4、5·2Y号型系列控制部位数值表

单位:cm

Y														
部位	数 值													
身高	155		160		165		170		175		180		185	
颈椎点高	133.0		137.0		141.0		145.0		149.0		153.0		157.0	
坐姿颈椎点高	60.5		62.5		64.5		66.5		68.5		70.5		72.5	
全臂长	51.0		52.5		54.0		55.5		57.0		58.5		60.0	
腰围高	94.0		97.0		100.0		103.0		106.0		109.0		112.0	
胸围	76		80		84		88		92		96		100	
颈围	33.4		34.4		35.4		36.4		37.4		38.4		39.4	
总肩宽	40.4		41.6		42.8		44.0		45.2		46.4		47.6	
腰围	56	58	60	62	64	66	68	70	72	74	76	78	80	82
臀围	78.8	80.4	82.0	83.6	85.2	86.8	88.4	90.0	91.6	93.2	94.8	96.4	98.0	99.6

男装5·4、5·2A号型系列控制部位数值表

单位:cm

A							
部位	数 值						
身高	155	160	165	170	175	180	185
颈椎点高	133.0	137.0	141.0	145.0	149.0	153.0	157.0
坐姿颈椎点高	60.5	62.5	64.5	66.5	68.5	70.5	72.5
全臂长	51.0	52.5	54.0	55.5	57.0	58.5	60.0
腰围高	93.5	96.5	99.5	102.5	105.5	108.5	111.5

胸围	72			76			80			84			88			92			96			100		
颈围	32.8			33.8			34.8			35.8			36.8			37.8			38.8			39.8		
总肩宽	38.8			40.0			41.2			42.4			43.6			44.8			46.0			47.2		
腰围	56	58	60	60	62	64	64	66	68	68	70	72	72	74	76	76	78	80	80	82	84	84	86	88
臀围	75.6	77.2	78.8	78.8	80.4	82.0	82.0	83.6	85.2	85.2	86.8	88.4	88.4	90.0	91.6	91.6	93.2	94.8	94.8	96.4	98.0	98.0	99.6	101.2

男装 5·4、5·2B 号型系列控制部位数值表

单位:cm

B							
部位	数 值						
身高	155	160	165	170	175	180	185
颈椎点高	133.5	137.5	141.5	145.5	149.5	153.5	157.5
坐姿颈椎点高	61	63	65	67	69	71	73
全臂长	51	52.5	54	55.5	57	58.5	60
腰围高	93	96	99	102	105	108	111

胸围	72	76	80	84	88	92	96	100	104	108
颈围	33.2	34.2	35.2	36.2	37.2	38.2	39.2	40.2	41.2	42.2
总肩宽	38.4	39.6	40.8	42	43.2	44.4	45.6	46.8	48	49.2

腰围	62	64	66	68	70	72	74	76	78	80	82	84	86	88	90	92	94	96	98	100
臀围	79.6	81	82.4	83.8	85.2	86.6	88	89.4	90.8	92.2	93.6	95	96.4	97.8	99.2	100.6	102	103.4	104.8	106.2

男装 5·4、5·2C 号型系列控制部位数值表

单位:cm

C							
部位	数 值						
身高	155	160	165	170	175	180	185
颈椎点高	134	138	142	146	150	154	158
坐姿颈椎点高	61.5	63.5	65.5	67.5	69.5	71.5	73.5
全臂长	51	52.5	54	55.5	57	58.5	60
腰围高	93	96	99	102	105	108	111

胸围	76	80	84	88	92	96	100	104	108	112
颈围	34.6	35.6	36.6	37.6	38.6	39.6	40.6	41.6	42.6	43.6
总肩宽	39.2	40.4	41.6	42.8	44	45.2	46.4	47.6	48	50

腰围	70	72	74	76	78	80	82	84	86	88	90	92	94	96	98	100	102	104	106	108
臀围	81.6	83	84.4	85	87.2	88.6	90	91.4	92.8	94.2	95.6	97	98.4	99.8	101.2	102.6	104	105.4	106.8	108.2

3. 男女各种体型中间体的确定值

单位:cm

体型		Y	A	B	C
男	身高	170	170	170	170
	胸围	88	88	92	96
女	身高	160	160	160	160
	胸围	84	84	88	88

三、人体测绘

  人体的测绘包括测量和绘描两部分。它适应高档成品服装的订制，这也是今后服装业发展的必然趋势。测量一般为长度、围度和宽度的测量。被测量的人与测绘者间距在 1 至 0.6 米之间。通过测量得到数值后再斜角度观察前后左右人体的结构特征，然后运用服装技术绘制要求，描绘出人体静态直立的图形。图形可分为正面、侧面和背面三种角度。测量方法：一般测量长度尺寸时，量尺须自然下垂量取；测量围度尺寸时，应以水平净体(被量者穿一件内衣)量取，然后根据款式造型再添加放量。围度加放量一般考虑三方面因素：人体的自动量(呼吸量)，功能性(活动量)，款式造型(宽松、合体或紧身)。长度以身高的等分值加上款式造型确定。

  现将女装量体方法介绍如下(图 1-4)：

1. 背长(BAL)：由颈椎点量至后腰椎点。
2. 前腰节长(FWL)：由颈肩点经过乳高点量至前腰中线。
3. 胸高(BP)：由颈肩点量至乳高点。
4. 胸围(B)：沿胸部最丰满处量一周。
5. 裙长(SL)：由侧缝腰口量至膝盖骨下端。
6. 肩宽(S)：由左肩端点量至右肩端点。
7. 颈围(N)：在颈脖与颈根中间部位量一周。
8. 乳宽(BPW)：乳距的宽度，由右乳高点量至左乳高点。
9. 背宽(BW)：由肩端点往下 7cm 量水平宽度。
10. 胸宽(FW)：在两臂弯点间量水平宽度。
11. 臂根围：在臂根部水平量一周。
12. 袖长(SL)：由肩端起量经过肘点量至手腕。
13. 腰围(W)：在人体腰部最细的部位量一周。
14. 腹围(MH)：在腰线与臀线的中间部位量一周。
15. 臀围(H)：在人体臀部最饱满的部位量一周。

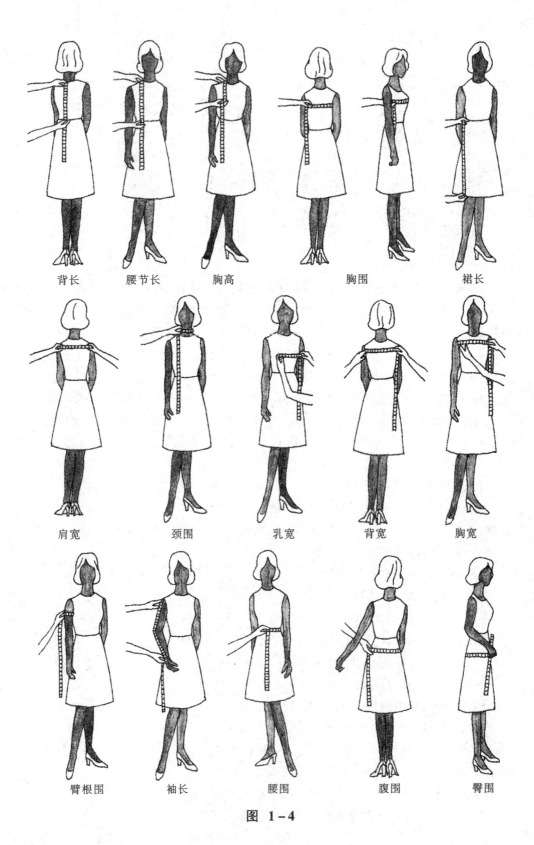

图 1—4

第二节　服装制图知识

一、服装制图打板工具(图1-5)

1. 直尺。直尺是服装制图的必备工具,一般采用不易变形的材料制作,如有机玻璃的直尺。直尺的刻度须清晰,长度取60厘米和100厘米的较适宜。

2. 直角尺。一把为等腰直角三角形尺,尺内最好含量角器,另一把为由30°、60°和90°内角组成的直角三角形尺,规格为50厘米的较好,直角尺也可无斜边。

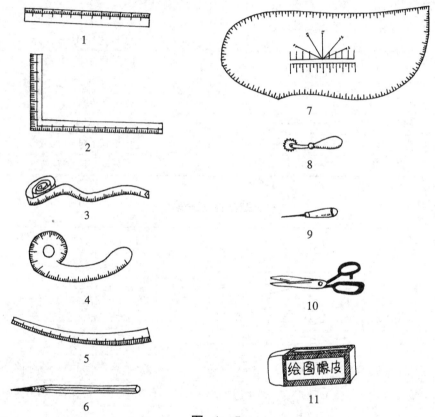

图　1-5

3. 软尺。有两种材料制成的软尺,一种为皮尺,测体用较好,另一种是薄型聚脂材料尺,适于测量样板的曲线部位。

4. 袖窿尺。用有机玻璃制成,用于作袖窿、袖肥弧线特别方便。

5. 弯尺。划衣服和裙、裤的曲线部位,长度为50~60厘米。

6. 绘图铅笔。一般以中性(HB)、软性(B~3B)铅笔为好,因其不易将纸划破,且线条清晰。

7. 多用曲线尺。它是为服装制图设计的专用尺,适合作前后龙门、前后领口、袖窿、袖肥、翻领外止口、圆摆等处的弧线。

8. 滚轮(复描器)。铁皮或不锈钢制成。

9. 锥子。由木柄和铁钢针组成,用于作样板的洞眼标记。

10. 剪刀。剪纸与剪布料的剪刀各一把。

11. 绘图橡皮。不易损伤纸,易擦干净。

二、服装制图的线条与符号

服装制图图线表

单位:cm

序号	名称	形式	粗细度	用途
1	粗实线	——————	0.9	1.服装和零部件轮廓线 2.部位轮廓线
2	细实线	——————	0.3	1.图样结构的基本线 2.尺寸线和尺寸界线 3.引出线
3	虚线	- - - - - -	0.9	叠层轮廓影示线
4	点划线	— · — · — ·	0.9	对折线(对称部位)
5	双点划线	— - - - —	0.3	折转线(不对称部位)

服装制图符号表

序号	名称	形式	用途
1	等分		表示该段距离平分等分
2	等长		表示两段长度相等
3	等量	○ △ □ ▭	表示两个以上部位等量
4	省缝		表示这个部位须缝去
5	裥位		表示这一部位有规则折叠
6	皱裥		表示用衣料直接收拢抽皱裥
7	直角		表示两线互为垂直
8	连接		表示两个部分在裁片中连在一起
9	归拢		表示这部位熨烫后收缩
10	拔伸		表示该部位经熨烫后伸展拔长
11	经向	←——————→	两端箭头对准衣料经向
12	倒顺	————————→	表示各衣片相同取向
13	对折		表示该部位布料对折裁剪

12

序号	名称	形式	用途
14	拉链		表示该部位装拉链
15	花边		表示该部位装花边
16	对格		表示该部位对格纹裁制
17	对条		表示该部位对条纹裁制
18	间距		表示两点间的距离

三、服装各部位的中英文名及其字母代号

中文名	英文名	字母代号
胸围	Bust	B
腰围	Waist	W
臀围	Hip	H
腹围	Middle Hip	MH
颈围	Neck	N
线、长度	Line	L
肘线	Elbow Line	EL
乳高点	Bust Point	BP
膝线	Knee Line	KL
肩颈点	Side Neck Point	SNP
肩端点	Shoulder Point	SP
前颈窝点	Front Neck Point	FNP
后颈椎点	Back Neek Point	BNP
袖窿弧长	Arm Hole	AH
背长	Back Length	BAL
背宽	Back Width	BW
胸宽	Fron Bust Width	FW
袖口宽	Cuff Width	CW

四、服装制图名称

1. 上装基型制图名称(图 1-6)

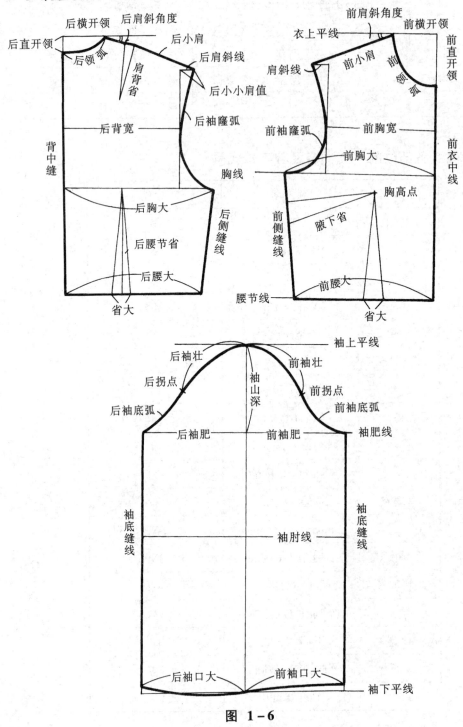

图 1-6

2. 上装制图名称 (图 1-7)

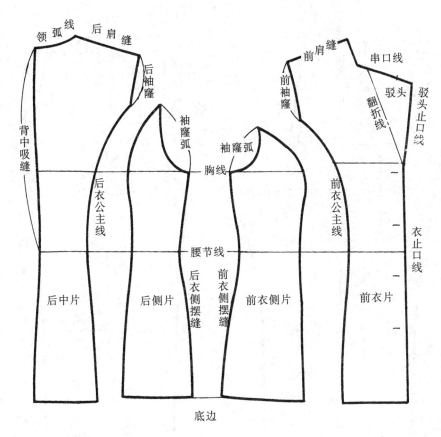

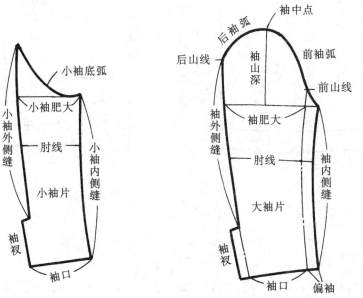

图 1-7

15

3. 裤装制图名称(图 1-8)

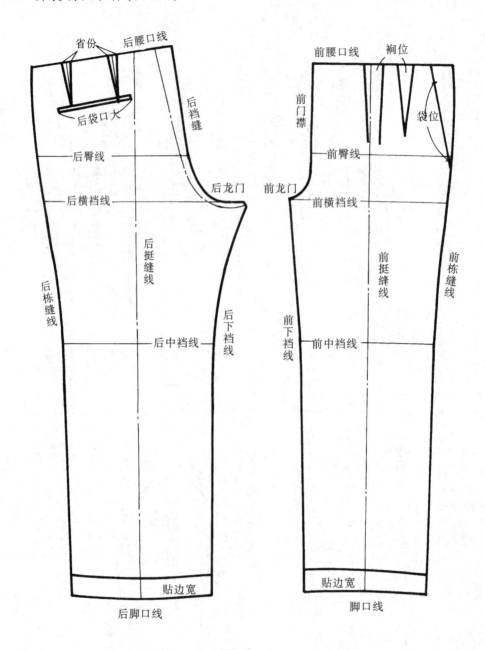

图 1-8

五、制图打板设计

服装制图打板是一项技术性很强,知识涉及面较广的综合性技艺。在正式打板前,须先进行制图打板设计,它是将款式图稿转化为服装平面结构图的必要工序,一般分为类型判断、款式分析、规格制定、制图划样几大步骤,下面分别加以阐述。

1. 类型判断

所谓类型判断,是指对服装外型风格的总体把握。我们一般把服装分为贴身、合身、较合身、宽松四种类型(图1-9)。对服装类型判断准确,有助于确立样板的主题风格及放松量。

2. 款式分析

款式分析是指对款式构成要素的细化认识,包括对轮廓、线条、块面、体积和空间的逐一分析,以便使制成的样板图形恰当,线条美观,成型科学。

3. 规格设计

依据款式的造型选择号型及面料材料,并进行服装规格设计,包括长度、围

贴身型

图 1-9 ①

合身型

图 1-9 ②

较合身型

图 1-9③

宽松型

图 1-9④

度、宽度等各部位尺寸。尺寸数值和比例是直接控制结构图形的,除了大的规格尺寸外,许多局部和细部的尺寸和比例则须通过对款式效果图的仔细观察、认真琢磨、反复比较才能确定,并将其作为制图划样时的依据。

4. 制图划样

在进行了类型判断、款式分析和规格设计之后,即可进入制图划样阶段。在划样时,不能只强调具体尺寸,而须以型为主,型又必须依据人体结构型态,及面料的性能确定,这样划出的样板才能具有合理性、科学性。

制图划样完成,也就标志着服装制图打板设计的完成,接下去就可以进行样板制作了。样板制作包括打样,放缝,面、里、衬样板及工艺样板制作,规格系列推档等几方面。对此,本书将分别作专章介绍。

第二章　女下装裙结构设计及制图打样

第一节　下装裙结构设计

一、下装裙分类

下装裙款式千变万化,分类方法也五花八门。本书从打板实际出发,采用以下三种分类方法。一是按裙子的长短分类,可分为曳地裙、长裙、中庸裙、齐膝裙、短裙和超短裙(图 2-1);二是按廓形分类,可分为方形(如直筒裙)、三角形(如 A 字裙

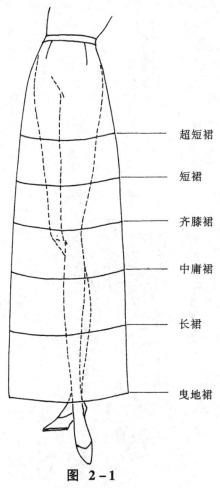

超短裙

短裙

齐膝裙

中庸裙

长裙

曳地裙

图 2-1

和喇叭裙)、倒三角形(如碎褶鼓裙)(图2-2);三是按裙腰位置分类,有束腰裙、无腰裙、连腰裙、低腰裙、高腰裙之分,其中束腰裙腰头宽2~3cm,无腰裙在腰线上方0~1cm,连腰裙腰头宽3~4cm,低腰裙在腰线下方3~4cm,高腰裙在腰线上加7~8cm(图2-3)。

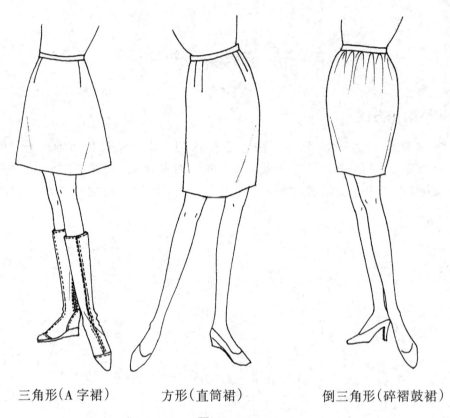

三角形(A字裙)　　　　方形(直筒裙)　　　　倒三角形(碎褶鼓裙)

图 2－2

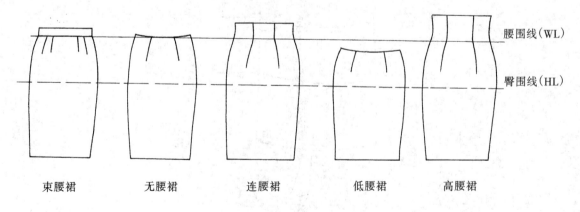

束腰裙　　　　无腰裙　　　　连腰裙　　　　低腰裙　　　　高腰裙

腰围线(WL)

臀围线(HL)

图 2－3

二、下装裙的规格设计

1. 裙长：

超短裙长＝0.3 的号－6cm，

短裙长＝0.3 的号＋6cm，

齐膝裙长＝0.4 的号－6cm，

中庸裙长＝0.4 的号＋6cm，

长裙长＝0.5 的号，

曳地裙长＝0.6 的号。

2. 腰围：腰围（W）＝净腰围（W*）＋0～2cm。

3. 臀围：臀围（H）＝净臀围（H*）＋4～6cm。

三、基本型裙

基本型裙有两种，即直筒形和三角形齐膝裙。

1. 选号型：160/66A，即身高（G）＝160cm，净腰围（W*）＝66cm，A 种体型。

2. 规格设计：

裙长（SL）＝0.4 的号 －6cm＝58cm，腰围（W）＝W*＋2cm＝68cm，臀围（H）＝H*＋4cm＝92cm。

3. 制图要点：

（1）直筒形裙按①～⑧的序号划线（图2-4）。三角形裙按①～⑨的序号划线（图2-5）。

（2）腰至臀的高度18cm。

（3）臀腰差小于24cm，前后共设 4 只腰省位，大于 24cm 应设 8 只腰省。

（4）A 字形裙单省大不超过 3cm

（5）A 字形裙底边起翘量按底边长的 $\frac{1}{2}$ 作垂

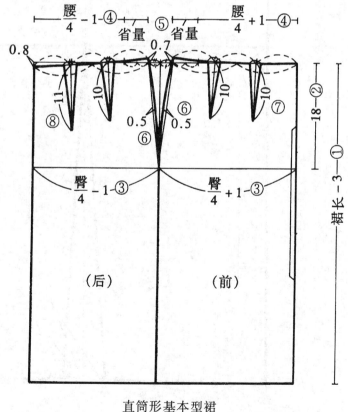

直筒形基本型裙

图 2－4

21

直角起翘

基本型裙（A字裙）

1．选号型：160／66A。

2．规格设计：

裙长＝60cm，腰围＝66＋2(松量)，臀围＝90cm＋2(松量)＝92cm。

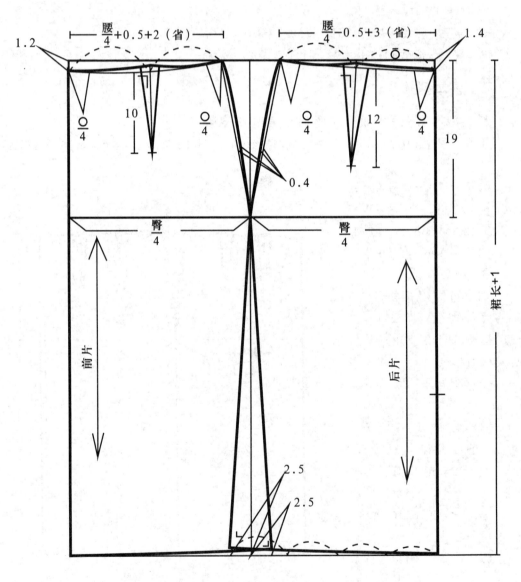

A字型基本型裙

图2-5

22

第二节 下装裙打样实例

一、直筒一步裙

1. 选号型:160/66A。
2. 规格设计:

裙长 = 0.4 的号 − 6cm = 58cm，腰围 = 净腰围 + 2cm = 68cm，臀围 = 净臀围 + 6cm = 94cm。

3. 制图要点:

参见基本型裙。

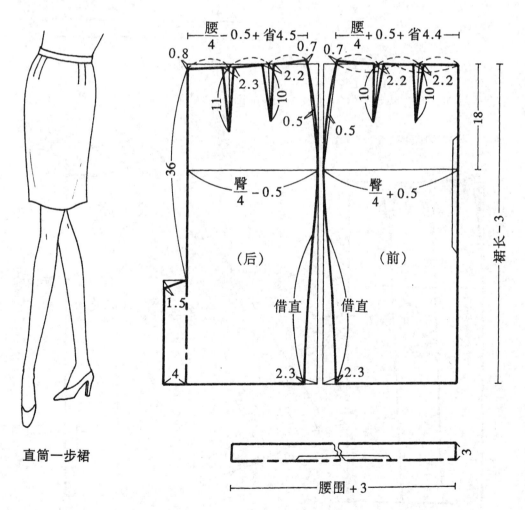

直筒一步裙

23

二、四片喇叭裙

号型和规格设计均请参照"直筒一步裙"。
下摆展开量根据款式需要。

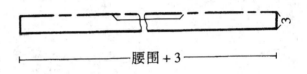

腰围 + 3

3

四片喇叭裙

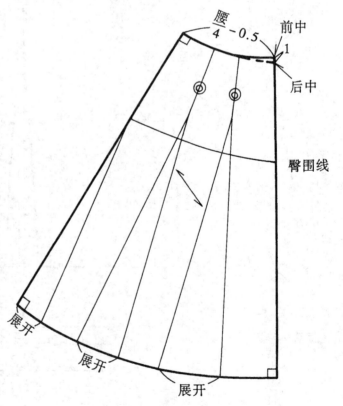

剪开

$\dfrac{\text{腰}}{4} - 0.5$

前中

1

后中

臀围线

展开

展开

展开

三、八片喇叭裙

号型和规格设计均请参照"直筒一步裙"。下摆大根据款式需要确定。图中

$$x = \frac{1}{2}\left(\frac{下摆大}{8} - \frac{腰}{8}\right)。$$

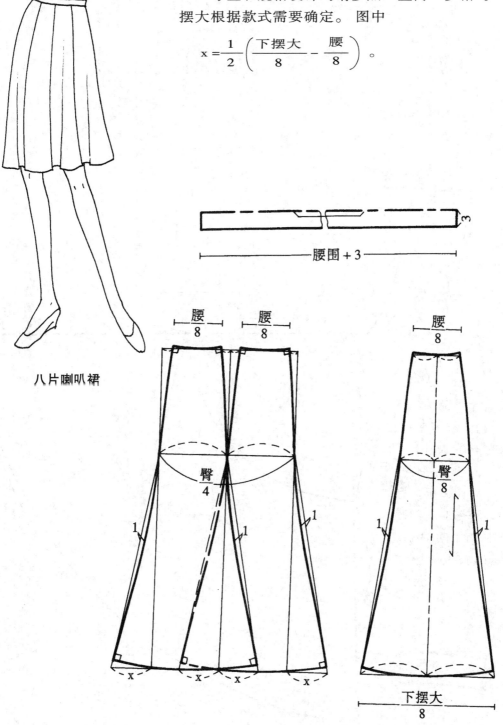

八片喇叭裙

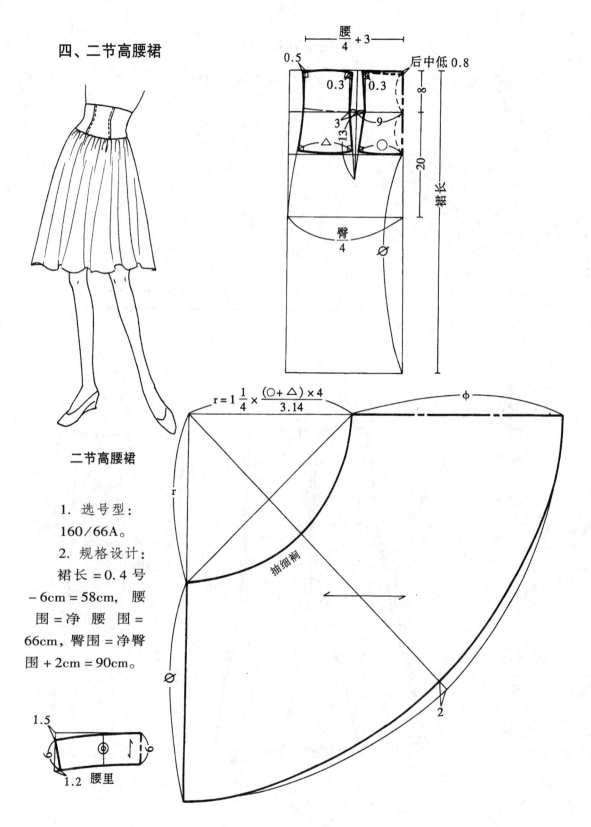

四、二节高腰裙

二节高腰裙

1. 选号型:
160/66A。

2. 规格设计:
裙长 = 0.4 号
－6cm = 58cm, 腰
围 = 净 腰 围 =
66cm, 臀围 = 净臀
围 + 2cm = 90cm。

五、二节鱼尾裙

1. 选号型:160/66A。

2. 规格设计:

裙长 = 0.5 的号 = 80cm, 腰围 = 净腰围 + 2cm = 68cm, 臀围 = 净臀围 + 6cm = 94cm。

3. 制图要点:

(1) 裁剪图中是前裙片的裁法,后裙片应在此基础上将后中线降下 0.8cm,后片臀围尺寸为 "$\frac{臀}{4} - 0.5cm$",腰围尺寸为 "$\frac{腰}{4} - 0.5cm + 省份$"。

(2) 下摆展开量视款式而定。

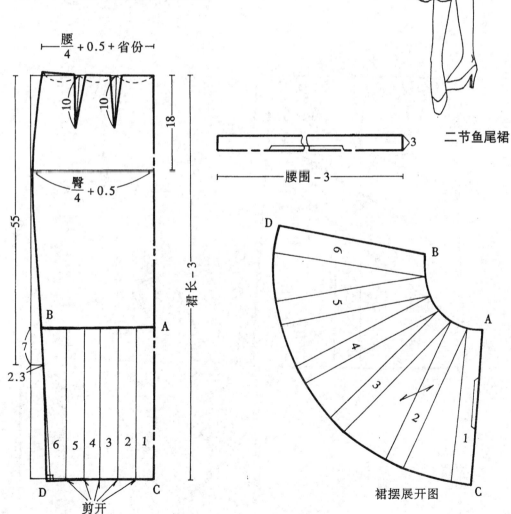

二节鱼尾裙

裙摆展开图

六、无侧缝鱼尾裙

1.选号型：160/66A。

2.规 格 设 计：

裙长=0.4号+6cm=70cm,

腰围=净腰围+2cm=68cm,

臀围=净臀围+4cm=92cm。

3.制图要点：

（1）按A字裙基本纸样。

（2）关闭侧摆缝，前后中有缝辑线。

（3）按款式图作分割造型连线。

（4）第四裁片按波浪分割片展开。

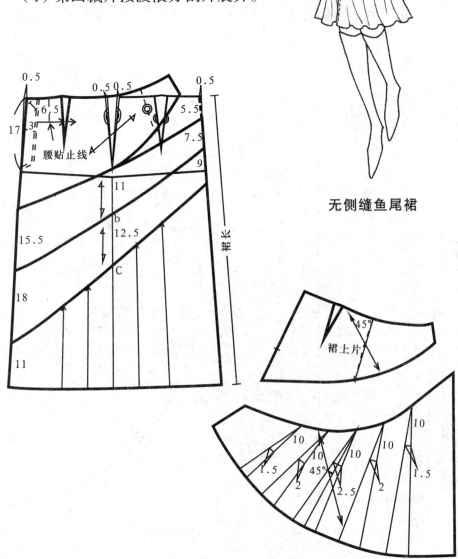

无侧缝鱼尾裙

七、二节无腰裙

1. 选号型:160/66A。

2. 规格设计:

裙长 = 0.3 的号 + 6cm = 54cm,腰围 = 净腰围 + 2cm = 68cm,臀围 = 净臀围 + 6cm = 94cm。

3. 制图要点:

(1) 前片下节需进行展开,展开量如下图,也可视款式要求定。

(2) 后片下节抽细裥后与上节缝合,制图时需放出细裥量。

(3) 前后片的上节需分别将省份折叠,呈一片式。

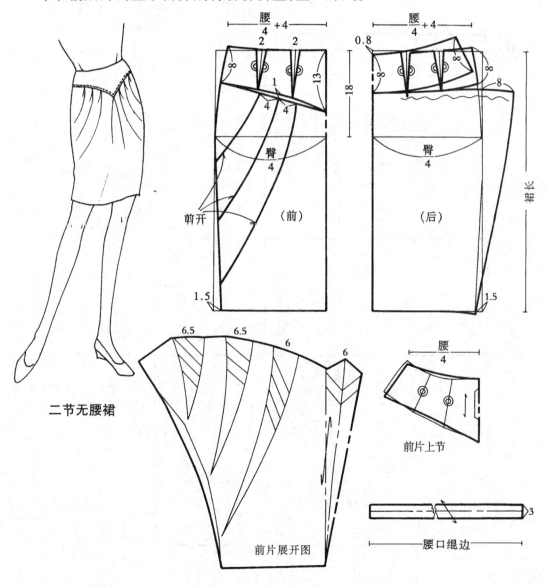

二节无腰裙

前片展开图

前片上节

腰口绳边

29

八、三节阶梯裙

1. 选号型：160/66A。
2. 规格设计：

裙长 = 75cm，腰围 = 净腰围 + 2cm = 68cm。

3. 制图要点：

图中 $x = \dfrac{\text{裙长}}{5} - 1\text{cm} = 14\text{cm}$，$1.6x \approx 22\text{cm}$，$1.6^2x \approx 36\text{cm}$。

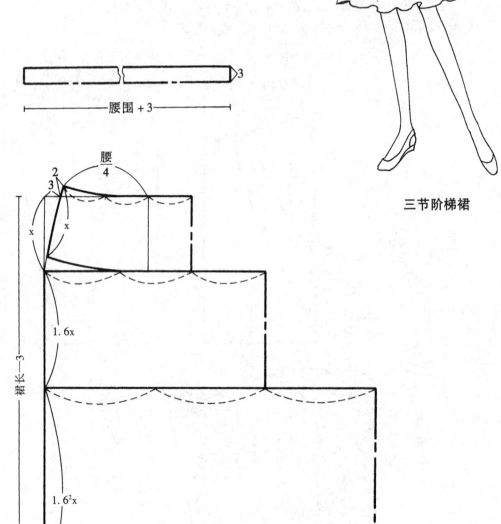

三节阶梯裙

30

斜　裙

九、斜裙

1. 选号型：160/66A。

2. 规格设计：

裙长据款式要求而定，腰围 = 净腰围 + 2cm = 68 厘米。

3. 制图要点：

斜裙划样的关键是定出 r 的尺寸。180°斜裙的 $r = \dfrac{腰围}{\pi} = \dfrac{68cm}{3.14} \approx 22cm$；270°斜裙的 $r = \dfrac{腰围}{1.5\pi} = \dfrac{68cm}{1.5 \times 3.14} \approx 14cm$；360°斜裙的 $r = \dfrac{腰围}{2\pi} = \dfrac{68cm}{2 \times 3.14} \approx 11cm$。

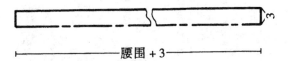

腰围 + 3

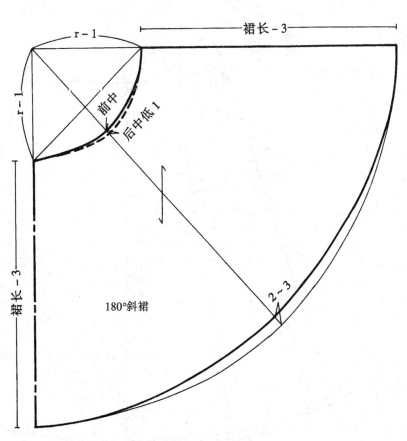

180°斜裙

十、无腰省斜裙

1．选号型：160/66A。

2．规格设计：

裙长＝0.4号－X＝60cm，腰围＝净腰围＝66cm，
臀围＝净臀围＋4cm＝92cm。

3．制图要点：

（1）将裙依八片法制图，前后各4片，然后展开成二片裙。

（2）裙片丝绺为45度斜纱。

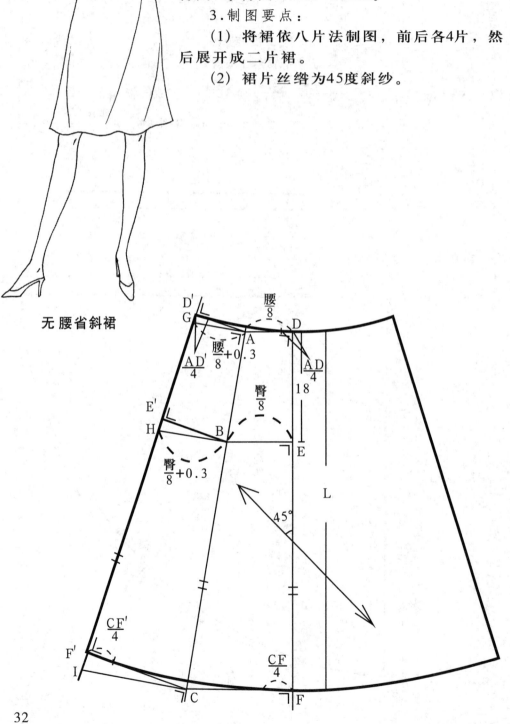

无腰省斜裙

百褶裙

十一、百褶裙

1. 选号型:160/66A。

2. 规格设计:

裙长 56cm, 腰围 = 净腰围 + 2cm = 68cm, 臀围 = 净臀围 + 2cm = 90cm。

3. 制图要点:

(1) 共设 30 只褶，裥面上部($\varnothing$) $= \dfrac{\text{腰围}}{30} \approx$ 2.27cm, 下部($\bigcirc$) $= \dfrac{\text{臀围}}{30} = 3$cm。

(2) 裥底设 4.5cm, 也可视款式和面料而定。

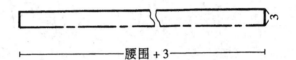

腰围 + 3

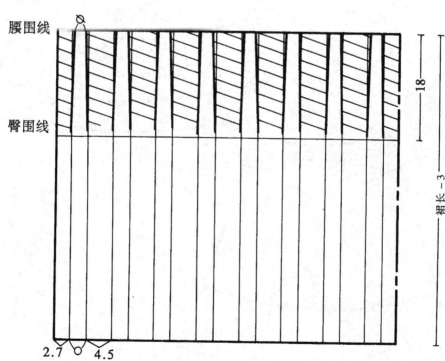

十二、灯笼裙

1.选号型：160/66A。

2.规格设计：

裙长=60cm,腰围=66cm,臀围=92cm。

3.制图要点：

（1）按斜裙方法设置结构框架,然后作切割展开造型线,每片切割线放5～7cm的量。

（2）里面里料15cm宽选用网格材料不用展开。

（3）裙下摆贴边放3cm宽与网格料缝缉时用松紧线,使其形成抽褶的灯笼效果。

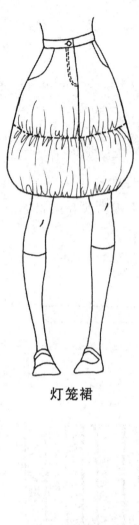

灯笼裙

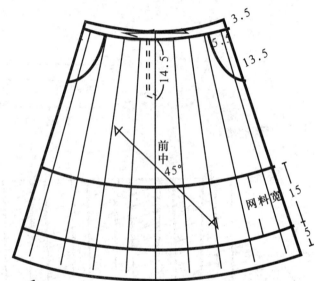

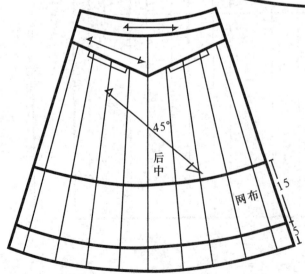

十三、皮革裙

1．选号型：160/66A。

2．规格设计：

裙长＝60cm，腰围＝68cm，臀围＝92cm。

3．制图要点：

（1）按基本型A字裙结构框架。

（2）关闭裙侧缝。

（3）前裙片作口袋造型线，后裙片作育克弧形分割线。

（4）关闭原腰口省与胯点松势量。

（5）前中开门襟，后中缝开叉。

皮革裙

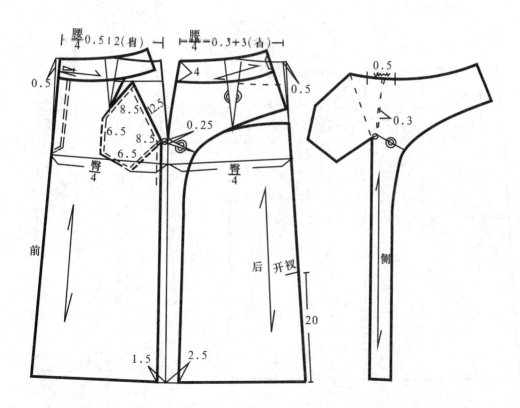

35

十四、褶裥马面裙

1. 选号型：160/66A。

2. 规格设计：

裙长 = 0.4 的号 + 6cm = 70cm，腰围 = 净腰围 + 2cm = 68cm，臀围 = 净臀围 + 6cm = 94cm。

3. 制图要点：

(1) 腰省需在基本型基础上作折叠处理。

(2) 前后制图相同，只是后中线应下落 0.8cm。

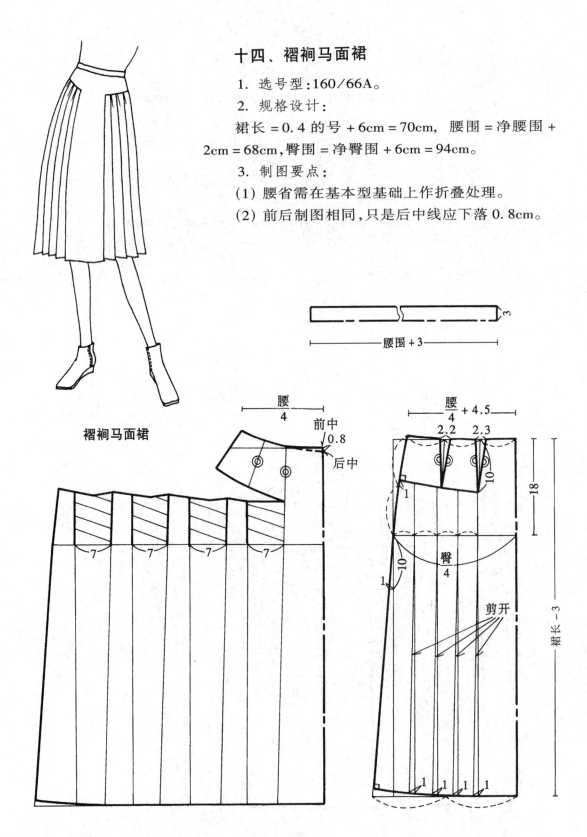

褶裥马面裙

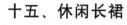

十五、休闲长裙

1. 选号型:160/66A。

2. 规格设计:

裙长 = 0.5 的号 = 80cm, 腰围 = 净腰围 + 4cm = 70cm, 臀围 = 净臀围 + 4cm = 92cm。

3. 制图要点:

(1) 按直身裙制框架,然后将腰节省位转为侧缝省位。

(2) 前中作衩。

(3) 右侧贴袋 2/3 的口袋在前裙片,1/3 的口袋在后裙片。

(4) 裙腰与腰口线型呈相似型制图。

休闲长裙

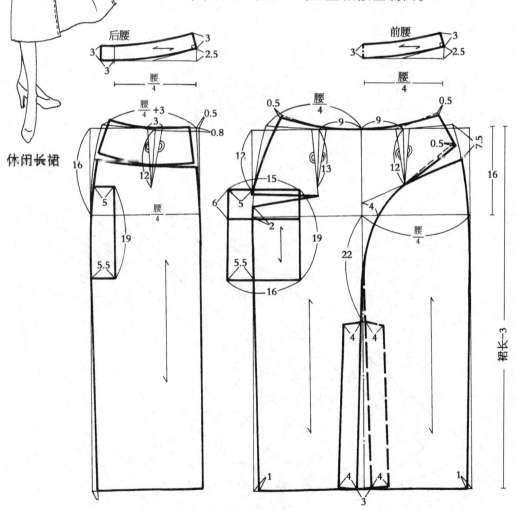

十六、八片螺旋裙

1．选号型：160/66A。

2．规格设计：

裙长＝60cm，腰围＝68cm，臀围＝90cm。

3．制图要点：

（1）按45度方向作出裙长结构框架，臀高设20cm，裙长设60cm，胯点设置在臀线上4cm。

（2）腰口翘值按：$AB=CD=(\frac{臀}{8}-\frac{腰}{8}+1)$计算。1cm为调节值。

（3）将裙长往上量18cm与裙裁片宽作垂直角连线，相交I、N、M、L这些点为圆心。

（4）以L至E为半径划弧得到裙摆大。

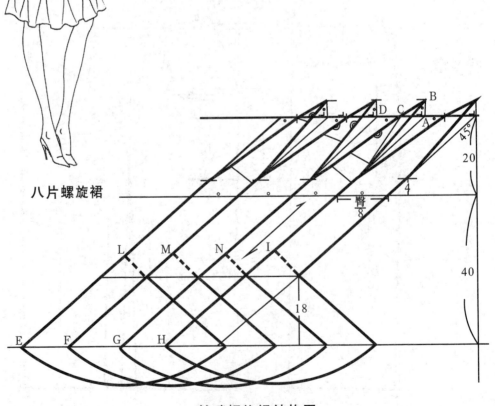

八片螺旋裙

基础螺旋裙结构图

38

正面×4

正面×1

側×2

第三章　女裤结构设计及制图打样

第一节　女裤结构设计

一、裤子的长度类型

男女裤子按长度分类,大致可分为:热裤(超短裤)、牙买加短裤、及膝短裤、三骨裤、小腿裤、便裤、长裤等(如图 3-1)。

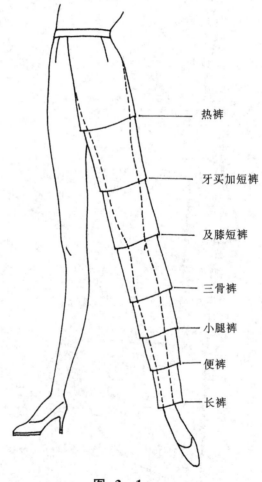

热裤

牙买加短裤

及膝短裤

三骨裤

小腿裤

便裤

长裤

图 3-1

二、女裤规格及主要部位尺寸

1. 选号型：160/68A，即身高160cm，净体腰围68cm，A种体型。
2. 规格及主要部位尺寸控制（图3-2）：

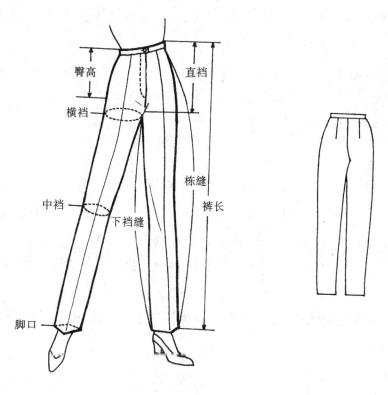

图 3－2

（1）裤长：

热裤长＝0.2的号＋8cm，

牙买加短裤＝0.3的号，

及膝短裤＝0.4的号－8cm，

三骨裤＝0.4的号＋6cm，

小腿裤＝0.5的号，

便裤＝0.5的号＋8cm，

长裤＝0.6的号＋6cm。

（2）腰围＝净腰围＋0～2cm

（3）臀围＝净臀围＋6～8cm

（4）臀高：由腰至臀线（下体最丰满处）的长度，中间体臀高一般取人体身高的

$\frac{1}{8}$，约为20cm。每增减一"号"（即身高加减5cm），臀高则相应增减0.5cm。

(5) 直裆:指由腰口至横裆(即腿根部)线的长度。它与人体的身高和体型有直接关系,一般在臀高线下 7～8cm,中间体直裆长一般为 27～28cm。

(6) 龙门宽:指臀部侧面的厚度,一般可根据净臀围的 0.16 来计算,再根据裤型款式与面料性能作调整。例如,一般紧身裤和采用有弹性面料的按 0.14 净臀计算,而宽松裤和薄型面料则按 0.16 规格臀计算。前后龙门宽的比例,紧身和合身西裤一般定为 $\frac{1}{4}:\frac{3}{4}$,宽松裤为 $\frac{1}{3}:\frac{2}{3}$。

(7) 臀至腰的外侧缝劈势:根据人体侧缝胯至腰差角度来作劈势,可按体型分类作,A 体型约在 8°左右。一般劈势在 2.5cm。人体侧缝最突部位在胯骨,因此应在臀线上方 3～4cm 处与腰口作连线。

(8) 前裆缝的劈势:根据腹腰差角度来作劈势。腰至腹的倾角为 3～5°,因此劈势量一般控制在 1～2cm。

(9) 后裆缝倾斜:后裆缝的斜率,由后裤外侧缝造型线确定,一般取前裤外侧缝劈势量的 $\frac{1}{2}～\frac{2}{3}$ 的值。女裤后裆缝的起翘值较小,一般约在 1.5cm 左右,如果臀圆而丰满的可适当增加起翘高度,且斜率也相应增大,臀扁者侧相反。总之以满足总裆值量为宜。后裆倾斜角度不应过大,如果倾角过大,会导致后横裆产生多余褶纹。

(10) 后裤片挺缝线的定位:基本为后裤横裆宽的 $\frac{1}{2}$ 处(即后龙门点至侧缝臀点的 $\frac{1}{2}$)往侧缝偏 0.5～1cm,脚口处不偏。

(11) 总裆长:由前裆腰口点经过龙门裆点至后裆腰口点,其长度一般与腰围的净尺寸相近似(特体除外)。

需说明的是,以上主要部位尺寸适用于一般体型和基本裤款,随体型和款型变化,应作加减调整。

三、基本型裤(女西裤)

1. 选号型:160/68A。

2. 规格设计:

裤长 = 0.6 的号 + 6cm = 102cm,腰围 = 净腰围 + 2cm = 70cm,臀围 = 净臀围 + 6cm = 96cm,脚口 = 0.2 臀围 ± Y(可变量) = 19cm,总裆 = 净腰围 ± 0～2cm ≈ 68cm (也可从人体测量得到)。

3. 制图:

按图示序号划线制图。

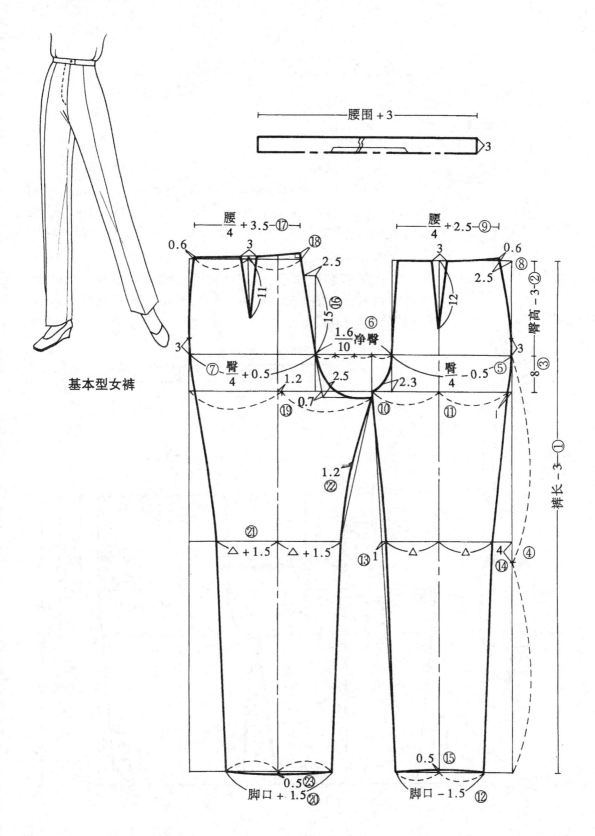

基本型女裤

腰围 + 3

$\dfrac{腰}{4}$ + 3.5 - ⑰

$\dfrac{腰}{4}$ + 2.5 - ⑨

0.6

3

⑱

2.5

11

15

⑯

12

3

0.6

⑧

2.5

臀高 - 3 - ②

3

3

$\dfrac{臀}{4}$ + 0.5 - ⑦

$\dfrac{1.6}{10}$净臀 ⑥

$\dfrac{臀}{4}$ - 0.5 - ⑤

3

1.2

2.5

2.3

8 - ③

⑲

0.7

⑩

⑪

裤长 - 3 - ①

1.2

㉒

㉑

△ + 1.5

△ + 1.5

⑬ 1

△

△

4 - ④

⑭

0.5

⑮

0.5 ㉓

脚口 + 1.5 ⑳

脚口 - 1.5 ⑫

43

第二节　女裤打样实例

一、齐膝裤

1. 选号型:160/66A。
2. 规格设计:

> 裤长 = 0.4 的号 − 6cm = 58cm, 直裆长 = 29.5cm, 腰围 = 净腰围 − 2cm = 64cm, 臀围 = 净臀围 + 12cm = 100cm, 脚口 = 26cm。

3. 制图要点:

> 因裤腰装松紧带, 故规格腰围应比净腰围减去 2cm, 而前后裤片的腰部则应放 3cm 松量, 其中后裤片松量 2cm, 前裤片松量 1cm。

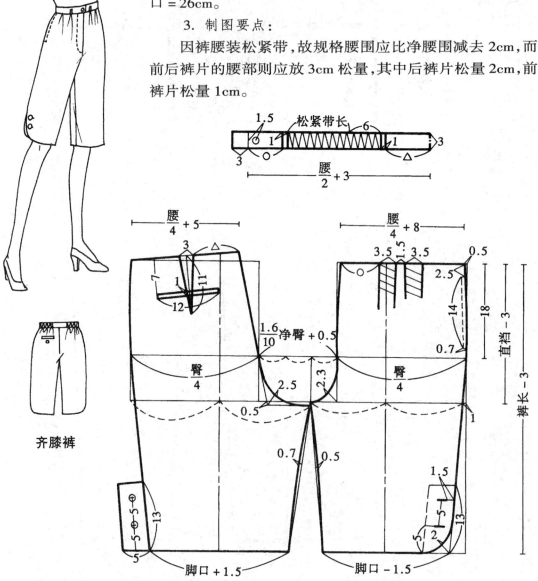

齐膝裤

二、束腿中长裤

1. 选号型：160/66A。

2. 规格设计：

裤长＝90cm，直裆长＝29cm，腰围＝净腰围＋2cm＝68cm，臀围＝净臀围＋4cm＝92cm，脚口＝18.5cm。

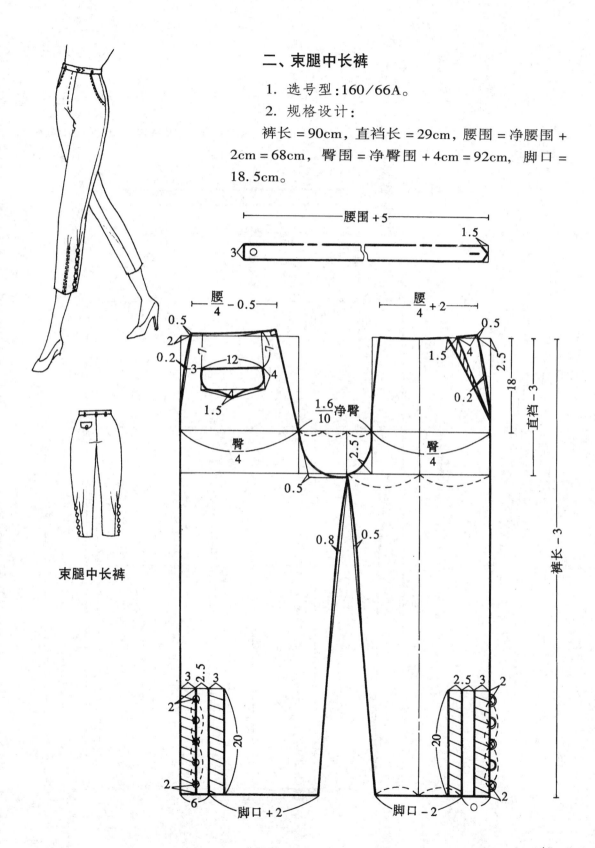

束腿中长裤

45

三、直筒女西裤

1. 选号型:160/68A。

2. 规格设计:

裤长 = 0.6 的号 + 4cm = 100cm,直裆长 = 29cm,腰围 = 净腰围 + 0 ~ 2cm,臀围 = 净臀围 + 8cm = 98cm,脚口 = 23cm。

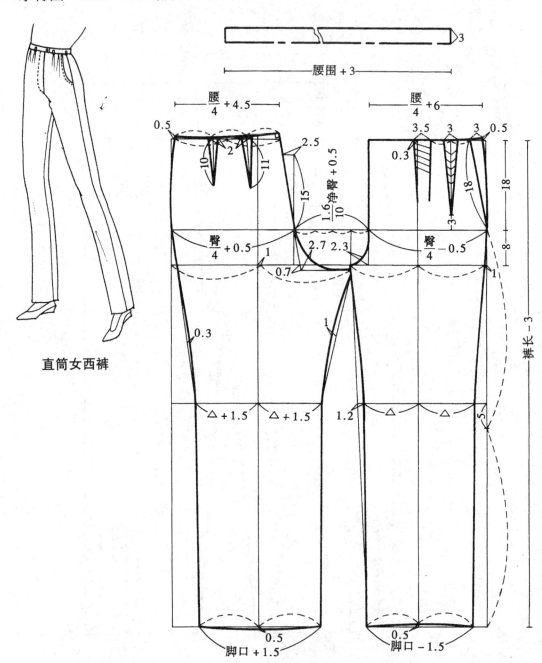

直筒女西裤

46

四、低腰弹力牛仔裤

1.选号型：160/68A。

2.规格设计：

裤长＝105cm，直裆＝26cm，腰围＝68cm,臀围＝净臀围－0～2cm＝89cm，中档＝20cm，脚口＝24.5cm。

3.制图要点：

注：$A=\dfrac{腰}{4}+0.5+1(省)$

　　$B=\dfrac{腰}{4}-0.5+3(省)$

(1) 按基本裤的直裆高设置臀高线。

(2) 去掉低腰的宽量划出腰头造型，合并腰口省量。

(3) 裤龙门宽以$\dfrac{1.4}{10}$臀计算，前龙门宽与后龙门宽的比例为$\dfrac{1}{4}$:$\dfrac{3}{4}$。

(4) 先制纸样，然后按经向、纬向的缩率制出样板。

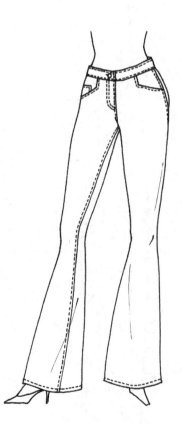

低腰弹力牛仔裤

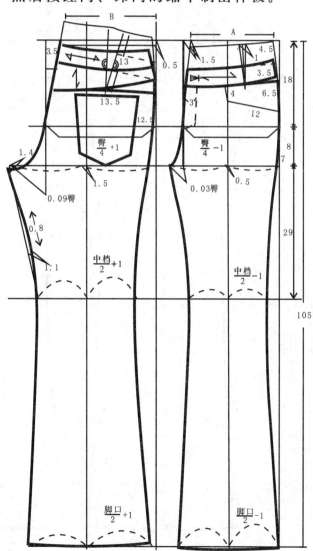

47

有缩率的低腰牛仔裤

（加缩率裤样）

腰围＝68cm×110%

臀围＝89cm×110%

脚口＝24.5cm×110%

裤长＝105cm×104%

中档＝20cm×110%

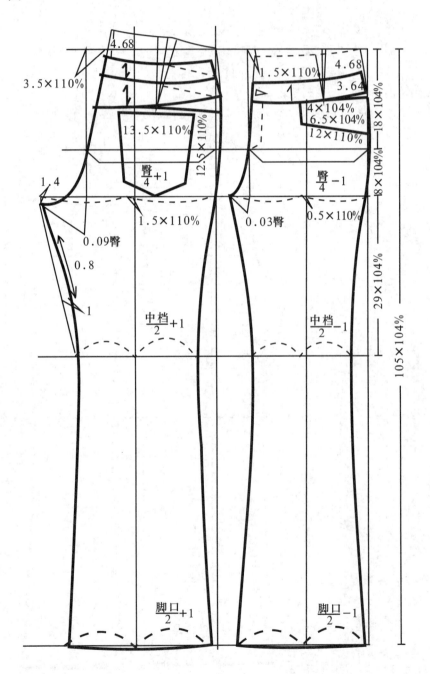

48

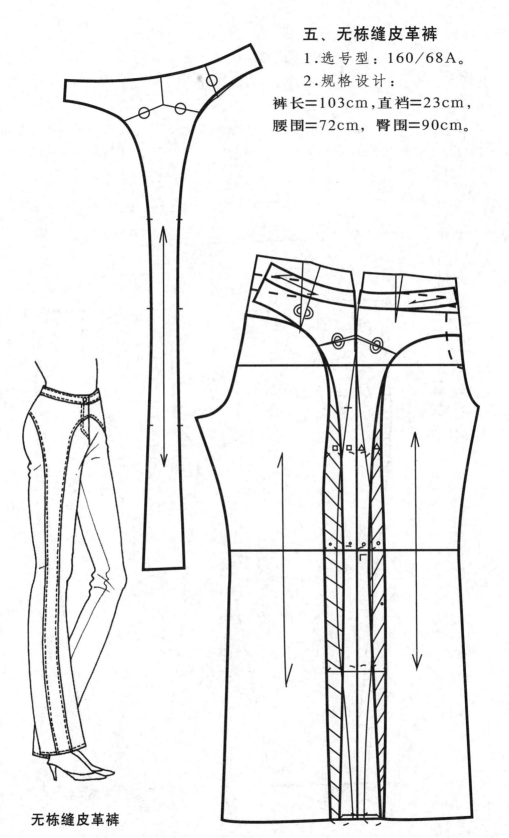

五、无栋缝皮革裤

1.选号型：160/68A。

2.规格设计：

裤长＝103cm，直裆＝23cm，

腰围＝72cm，臀围＝90cm。

无栋缝皮革裤

六、宽松休闲裤

1. 选号型：160/66A。
2. 规格设计：

裤长＝96cm，直裆长＝29.5cm，腰围＝净腰围＋1cm＝67cm，臀围＝净臀围＋20cm＝108cm，脚口＝15cm。

宽松休闲裤

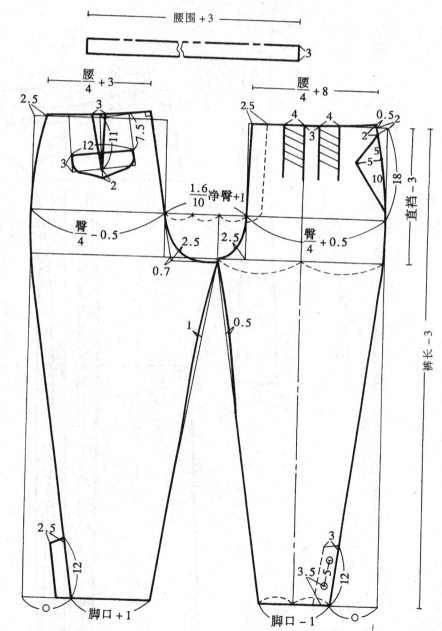

第三节 裤裙结构设计及制图打样

一、裤裙构成

裤裙是以裙为基础造型加上裤的裆缝，但当静态站立时，左右裤管的下裆缝之间没有明显的空隙，可以说是非裙似裙。因此基本型裤裙的直裆宜长于基本型裤直裆 3cm 左右，并且下裆缝呈垂直线形，侧缝可往外劈出，劈出量依据款式(直筒形、A 字形、喇叭形)而定。

二、基本型裤裙

1. 选号型：160/68A。

2. 规格设计：

裤裙长 = 60cm，直裆 = 31cm，腰围 = 净腰围 + 2cm = 70cm，臀围 = 净臀围 + 8cm = 98cm。

3. 制图：

按图示序号依次划线制图。

基本型裤裙

三、制图实例(八片喇叭形裤裙)

1. 选号型:160/66A。
2. 规格设计:

裤长 = 60cm, 直裆长 = 33cm, 腰围 = 净腰围 + 2cm = 68cm,臀围 = 净臀围 + 8cm = 96cm。

3. 制图要点:

(1) 多片喇叭裤裙可参照多片喇叭裙的制图展开方法,由基本型裤裙切割展开。

(2) 考虑到多片喇叭裤裙的特点是下摆宽大、下裆缝不明显的特点,前后龙门宽尺寸可以相同,在制图时,只要做两片结构样板图即可。后中点低于腰线0.8cm。

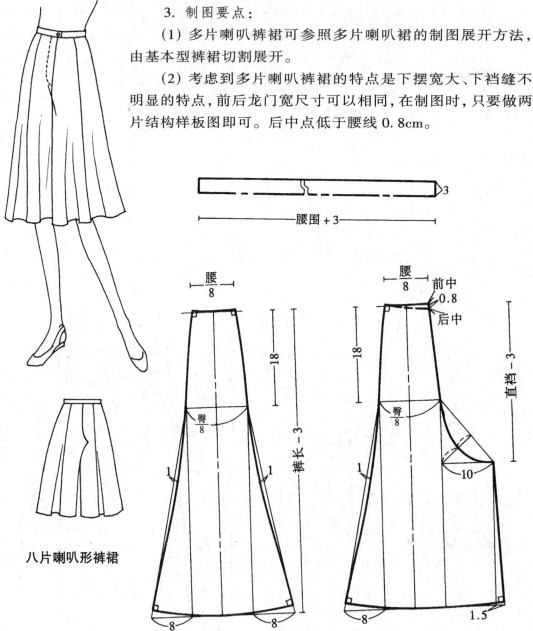

八片喇叭形裤裙

52

第四章　男裤结构设计及制图打样

第一节　男裤结构设计

一、男裤规格及主要部位尺寸

1. 选号型:170/74A,即身高170cm,净体腰围74cm,A种体型。
2. 规格及主要部位尺寸控制:

(1) 裤长:视款式定。

(2) 腰围 = 净腰围 + 2 ~ 4cm。

(3) 臀围 = 净臀围 + 10 ~ 12cm。

(4) 直裆长 = $\frac{1}{8}$号 −2cm + 8 ~ 9cm, 中间体的直裆约为28cm。 总裆长 = 净腰围 − 0 ~ 2cm。

需说明的是:男性腰线一般低于女性,穿裤时前裆又低于腰线位,因此在"号"相同的前提下,男裤直裆短于女裤,但后裆起翘则高于女性(基本值为3cm),以平衡裤两侧的腰口点力度与后中腰点的力度。

(5) 侧缝劈势:由于男裤的胯腰差较小,加上穿着时一般略低于腰口线,因此男裤的外侧缝劈势角度一般控制在5 ~ 6°。后裤片外侧缝腰口应往外劈出,与臀线呈垂直线或倾出原辅助框架线。

(6) 龙门宽:按规格臀围的0.16计算,基本型裤前后龙门量比为$\frac{1}{4}$: $\frac{3}{4}$,宽松裤的前龙门大一般与基本型裤相似,把增减量放在后龙门处较好。

(7) 后裆的斜率:男裤斜率大于女裤,基本为15:3(扁臀可小0.5 ~ 1cm,圆臀应大0.5 ~ 1cm),因为只有斜率大,才能使后起翘增高,以满足总裆长。

(8) 前裤片褶裥量:依据臀腰差的余数而定,余数在6 ~ 8cm的设两个褶裥,而在4 ~ 5cm的取一个褶裥。

(9) 后裆缝起翘量定法:由后腰口外侧缝点出发作垂直于后裆缝的直线,然后取原腰口线至垂直角的$\frac{3}{4}$值。

(10) 后裤片挺缝线定位:取后横裆宽的$\frac{1}{2}$向侧缝偏0.5 ~ 1cm,与原脚口中点作连线。

二、男裤基本型（男西裤）

1. 选号型：170/74A。

2. 规格设计：

裤长＝0.6的号＝102cm，直裆28cm，腰围＝净腰围＋2cm＝76cm，臀围＝净臀围＋12cm＝104cm，脚口＝23cm。

3. 制图：

按图示序号依次划线制图。图中 x 值为 0.5～1cm 之间，加减需根据体型和款型而定，扁臀及宽松款式作减法，圆臀及紧身款式作加法，标准体型不作加减。

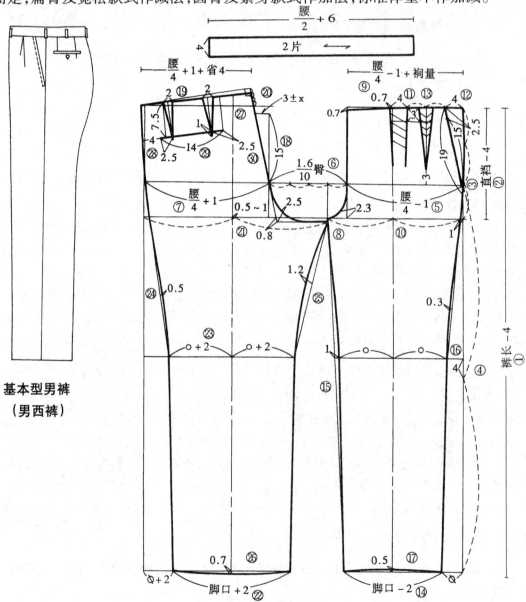

基本型男裤
（男西裤）

54

第二节 男裤打样实例

一、西短裤

1. 选号型：170/74A。
2. 规格设计：

裤长＝50cm，直裆长＝29cm，腰围＝净腰围＋2＝76cm，臀围＝净臀围＋14～16cm，脚口＝28cm。

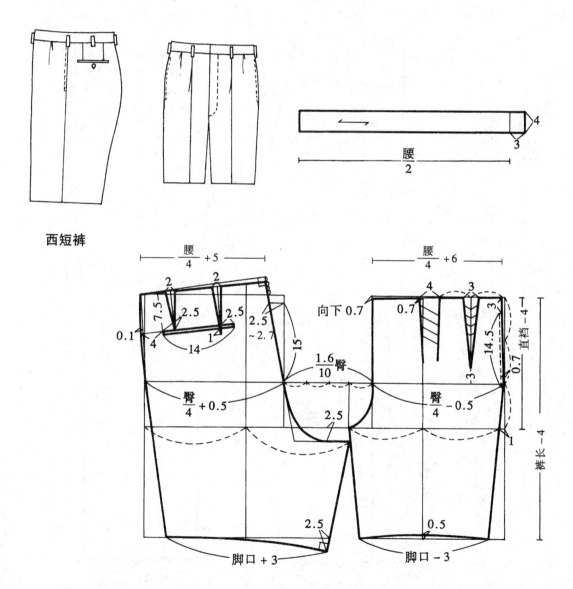

西短裤

二、无裆合体西裤

1. 选号型:170/74A。
2. 规格设计:

裤长 = 100cm, 直裆长 = 27.5cm, 腰围 = 净腰围 + 4 = 78cm, 臀围 = 净臀围 +
$$6 \sim 8cm = 98cm, 脚口 = 23.5cm。$$

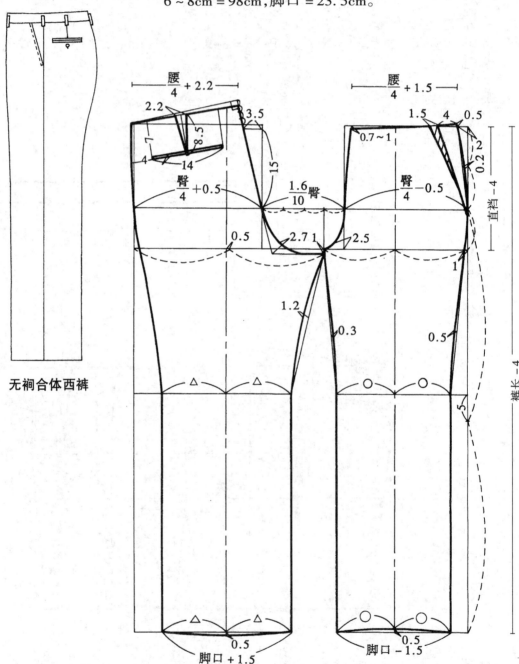

无裆合体西裤

56

三、休闲式连腰西裤

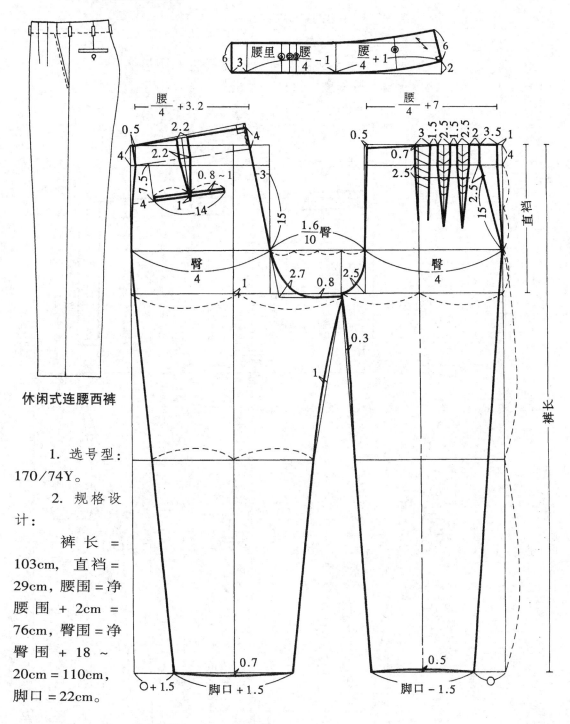

休闲式连腰西裤

1. 选号型：170/74Y。

2. 规格设计：

裤长=103cm，直裆=29cm，腰围=净腰围+2cm=76cm，臀围=净臀围+18~20cm=110cm，脚口=22cm。

四、室内方便裤

1. 选号型：170/74A。
2. 规格设计：

裤长＝100cm，直裆长＝33cm，腰围＝106cm，横裆＝74cm，脚口＝23cm。

3. 制图：

按图中序号依次划线制图。

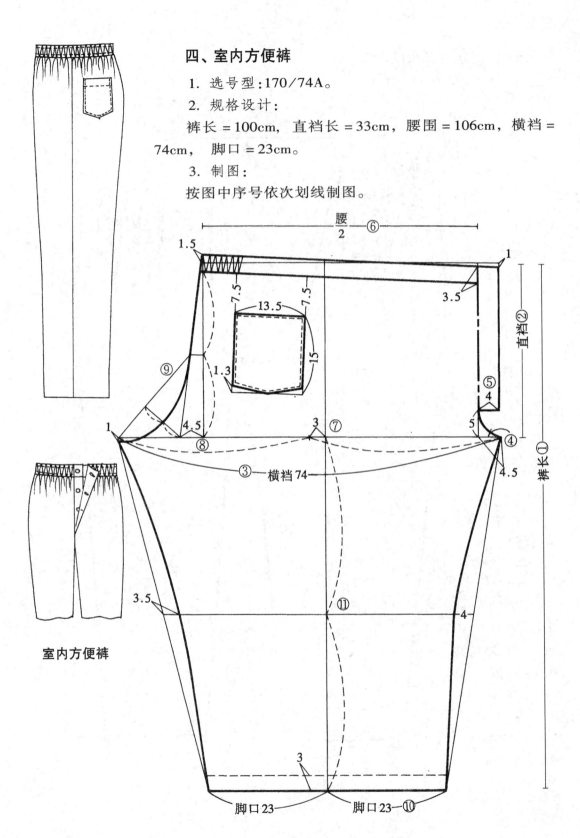

室内方便裤

第五章　女上装结构制图设计

第一节　女上装衣身的基本型结构

一、基本样板与人体结构特点

号型标准将人的体型区分为 Y、A、B、C 四种，不同的体型构成了不同角度的曲面体造型。此外胸高的隆起度又决定了省份的大小和构成。亚洲女性胸高比较低，上衣基本型的省份较小，一般采用腋下省和腰节省，也有日本原型把胸隆起的角度放置在腰线的；欧洲女性胸部隆起度高，上衣基型一般采用肩胸省和腰节省（图 5-1）。

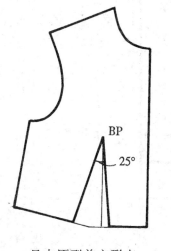
日本原型前衣形态

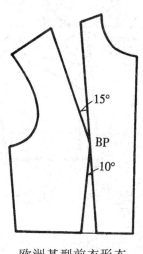
欧洲基型前衣形态

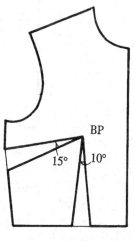
亚洲基本型前衣形态

图 5-1

一般作基本样板总是考虑一个较理想的人体结构进行制板，某种程度上服装是一个外型的包装体，总是把人体尽可能往理想的角度靠拢。下面所讲的基本型结构构成，是取占我国妇女总人口 44% 的体型——A 型体型来进行分析的。基本型胸的隆起角度为 30～35°左右，合身型基样大多采用 25～20°。Y 型、B 型体在此基础上稍作调整就可使用。

二、衣身基本型的建立

1. 选取号型：160/84A。

2. 规格设计：

背长（BAL）= 37.5cm，胸围（B）= 净胸围 + 10cm = 94cm，肩宽（S）= 39.4cm，领围（N）= 35cm。

3. 制图步骤（图 5-2）：

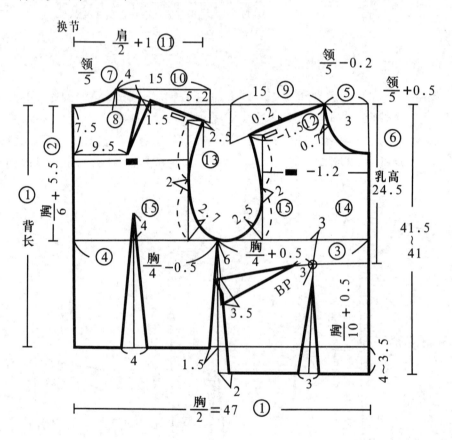

图5-2

① 以背长和 $\frac{胸}{2}$ 作框架。

② 按上平线向下 "$\frac{胸}{6}$ +5.5=21.2cm" 画胸围线。

③ 按 "$\frac{胸}{4}$ +（0.5~1）cm" 量取前胸围大。

④ 按 "$\frac{胸}{4}$ －（0.5~1）cm" 量取后胸围大。

⑤ 按 "$\frac{领}{5}$ －0.2cm = 6.8cm" 量取前横开领大。

⑥ 按 "$\frac{领}{5}$ +0.5cm = 7.5cm" 量取前直开领深。

60

⑦ 按"$\dfrac{领}{5}$=7cm"量取后横开领大。

⑧ 按后横开领的 $\dfrac{1}{3}$ 值作后直开领深线。

⑨ 按 15:6(约 22°)定出前肩斜角度。

⑩ 按 15:5.2(约 19°)定出后肩斜角度。

⑪ 按"$\dfrac{肩}{2}$"量出后肩宽点。

⑫ 按后小肩值减去 1.5cm 定前小肩值。

⑬ 由后肩宽点移进 2.5cm 作背宽线。

⑭ 按背宽减去 1.5cm 作胸宽线。

⑮ 按袖开深的 $\dfrac{1}{2}$ 下移 2cm 取袖拐点。

⑯ 按前腰节长 41.5~41cm 确定前腰节线。

⑰ 颈肩点下量 24.5cm,与 $\dfrac{1}{2}$ 乳宽 8.75cm 的交点为胸高点(BP)。

其余按图示作线划顺。

第二节　女上装衣身结构的变化形态（一）
——廓型变化

上节介绍了女上装的基本型结构，在具体为某一款女上衣制图时，应在此基础上，根据服装廓型和款式的变化及穿着需要而进行变化。

本节先来看看女装基本型结构是怎样随整体廓型变化的。

女装整体廓型大致分为贴身、合身、较合身和宽松四种类型。其结构变化主要表现在以下两个方面：

一、前衣片胸省形态的变化

请看图 5-3 所示：

贴身型衣着表现为前衣胸省的窿起角度约为30～33°，起翘0～0.5cm，前后腰节差1～1.5cm。

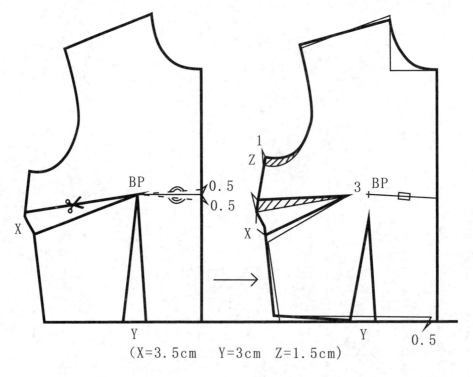

(X=3.5cm　　Y=3cm　Z=1.5cm)

图5-3①

合身型衣着表现为前衣胸省的窿起角度约为20～25°，起翘
0.7～1cm，前后腰节差1.5cm。

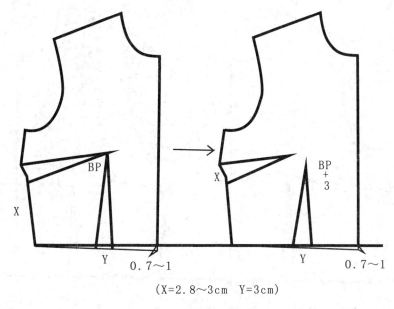

（X=2.8～3cm Y=3cm）

图5-3②

较合身型衣着表现为前胸窿起角度约为15～20°，可将前后腰
节缩小0～0.5cm，起翘1～1.5cm。

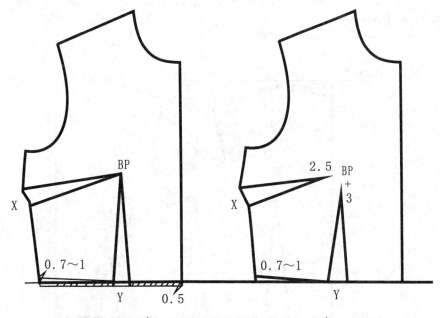

（X=2.3～2.5cm Y=2.5～3cm）

图5-3③

宽松型衣着表现为前胸窿起角度极小5～10°，起翘1～1.5cm，前后腰节差1cm。

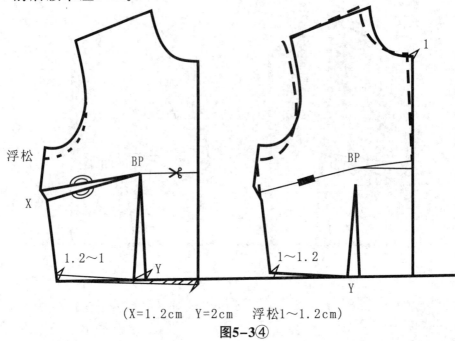

浮松

BP

X

BP

1.2～1

Y

1～1.2

Y

（X=1.2cm　Y=2cm　浮松1～1.2cm）

图5-3④

二、前后衣片衣围线的平衡

贴身型前后衣围线的平衡，前衣上浮值1～1.2cm，胸线转换值1～1.2cm。

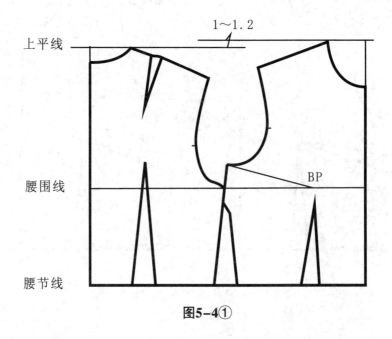

1～1.2

上平线

腰围线

BP

腰节线

图5-4①

合身型前后衣围线的平衡，前衣上浮值0.5~0.7cm，胸线转换值3cm

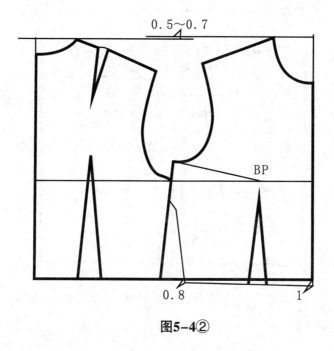

图5-4②

较合身型前后衣围线的平衡，前衣上浮值0，胸线转换值2.5~2.3cm。

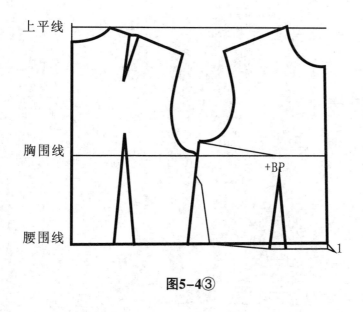

图5-4③

宽松型前后衣围线的平衡，前衣下跌0.5~1cm，后衣补腰节线长0.3cm，前袖窿浮松1.5~2cm。

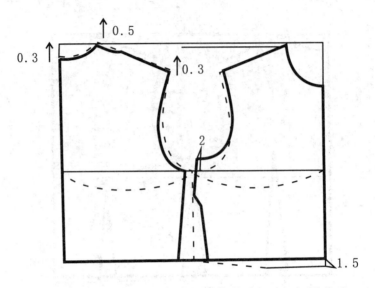

如果前中作胸劈门，前衣下跌值就为0.5，起翘值为1cm

图5-4④

第三节 女上装衣身结构的变化形态（二）
——款型变化

女装款型的变化，主要是指前后衣片结构的分割变化。为了使服装达到良好的立体效果，常常采用连省成缝的方法将基本型省的份量合理地转移至分割线中或款式规定的省份中，将省的移位与款式变化密切结合起来。

一、衣省类别

1. 按省所处部位分，大致有：前腰节省、前侧缝省、腋下省、袖窿省、肩胸省、领胸省、衣襟省、后腰节省、后侧缝省、肩背省、领背省、育克省等（图5-5）。

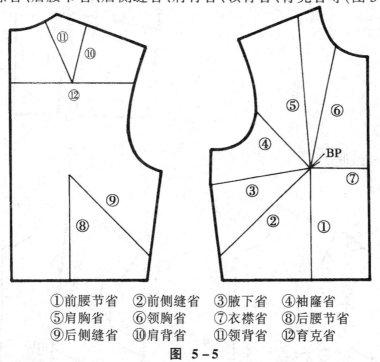

①前腰节省　②前侧缝省　③腋下省　④袖窿省
⑤肩胸省　⑥领胸省　⑦衣襟省　⑧后腰节省
⑨后侧缝省　⑩肩背省　⑪领背省　⑫育克省

图 5-5

2. 按省形分，大致有：锥形省、丁字省、弧形省、橄榄省、喇叭省、开花省、S形省、折线省等（图5-6）。

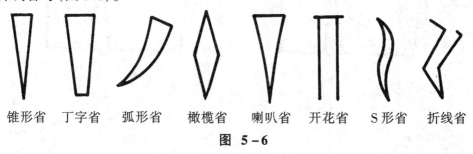

锥形省　丁字省　弧形省　橄榄省　喇叭省　开花省　S形省　折线省

图 5-6

二、基本型省的转换与款式变化

1. 在肩胸省直形分割款式中，将侧缝省转移成肩胸省(图 5-7)。

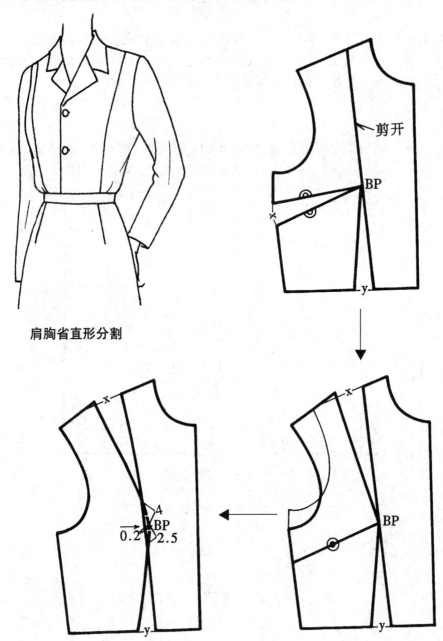

肩胸省直形分割

图 5-7

2. 在公主线分割款式中,将侧缝省转移成袖窿省(图 5-8)。

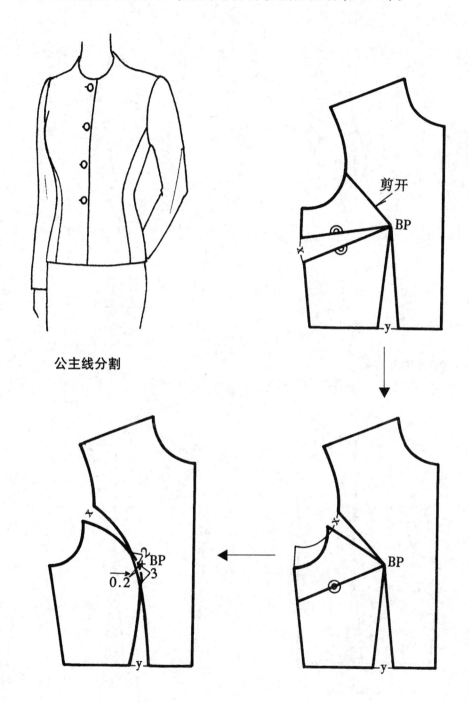

公主线分割

图 5-8

3. 在领胸省直形分割款式中,将侧缝省转移成领胸省(图 5-9)。

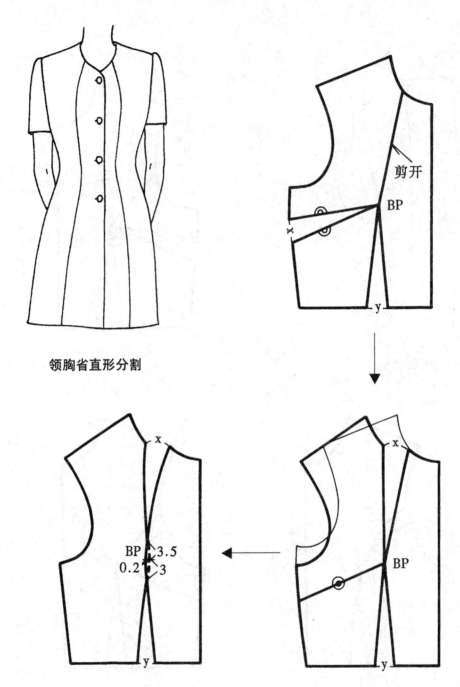

领胸省直形分割

图 5-9

4. 在腰节省款式中,将侧缝省和腰节省合并为腰节省(图 5 – 10)。

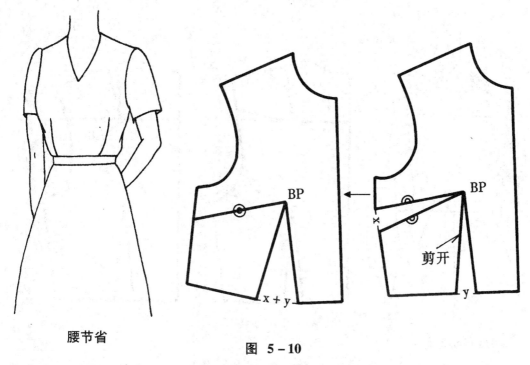

腰节省

图 5 – 10

5. 在下侧缝省款式中,将侧缝省和腰节省一并转移至侧缝下方,两省并一省(图 5-11)。

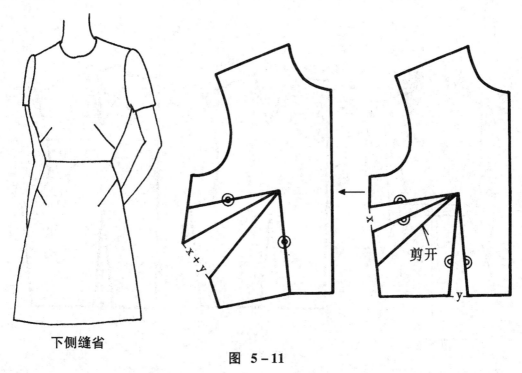

下侧缝省

图 5 – 11

6. 在后背断育克款式中,将肩背省转移成育克省(图 5-12)。

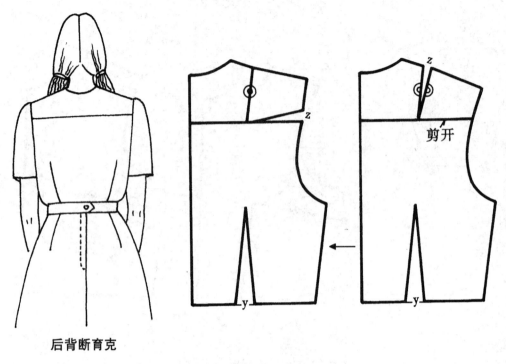

后背断育克

图 5-12

7. 在领背省款式中,将肩缝省转移成领背省(图 5-13)。

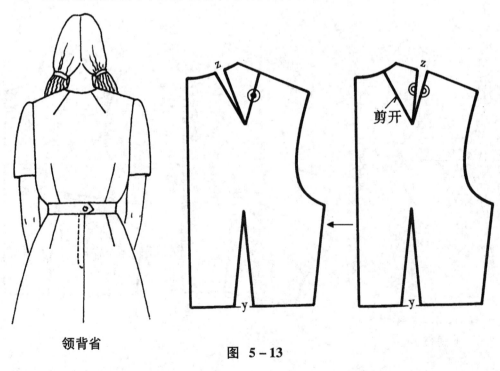

领背省

图 5-13

8. 在领中省款式中,将肩缝省转移成领中省(图 5-14)。

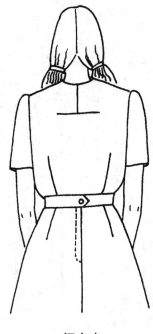

领中省

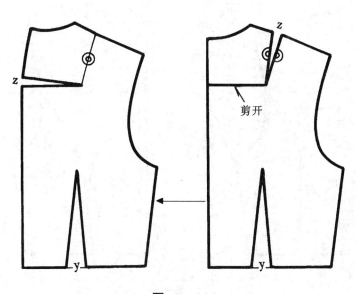

剪开

图 5-14

73

9. 在刀背缝款式中,将肩缝省转移成背缝省(图 5-15)。

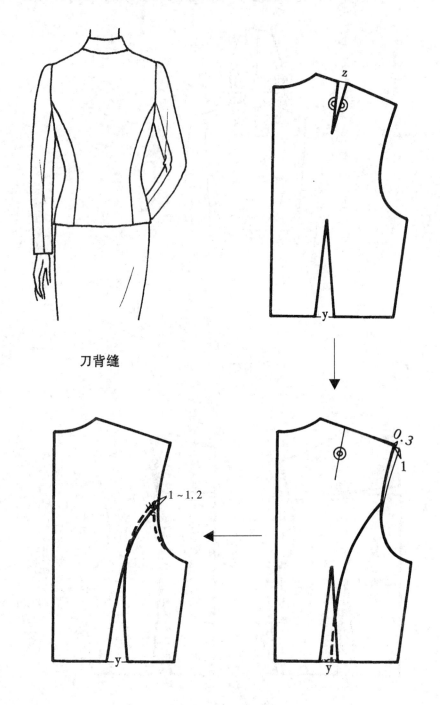

刀背缝

图 5−15

10. 双腰节省组合(图 5-16)。

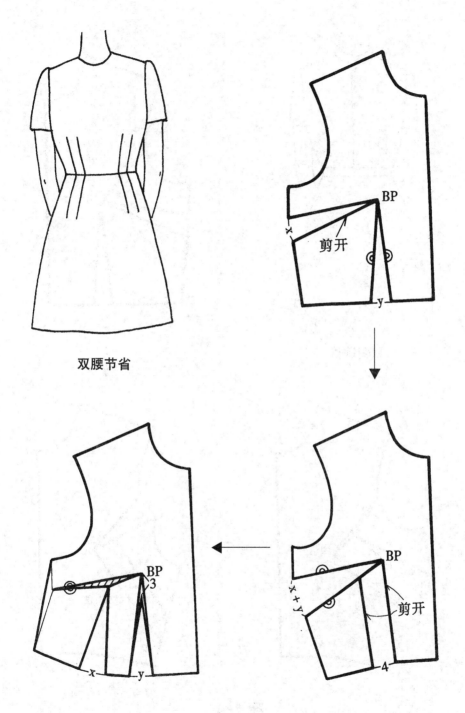

双腰节省

图 5-16

11. 双侧缝省组合(图 5-17)。

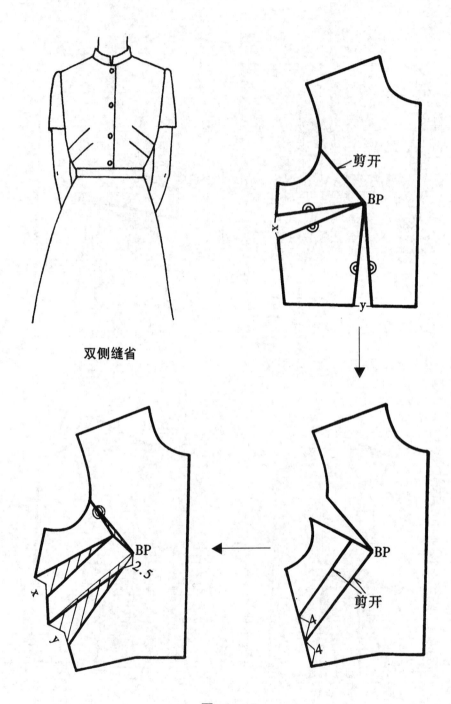

双侧缝省

图 5-17

76

12. 多褶领盘省(图 5-18)。

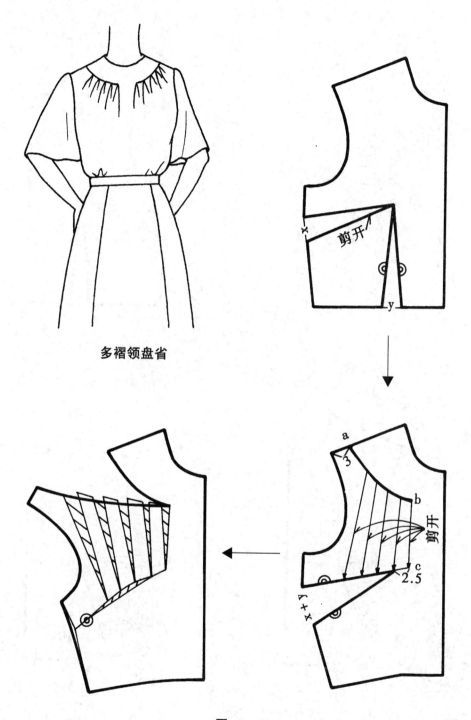

多褶领盘省

图 5-18

13. 碎褶腰节省（图 5-19）。

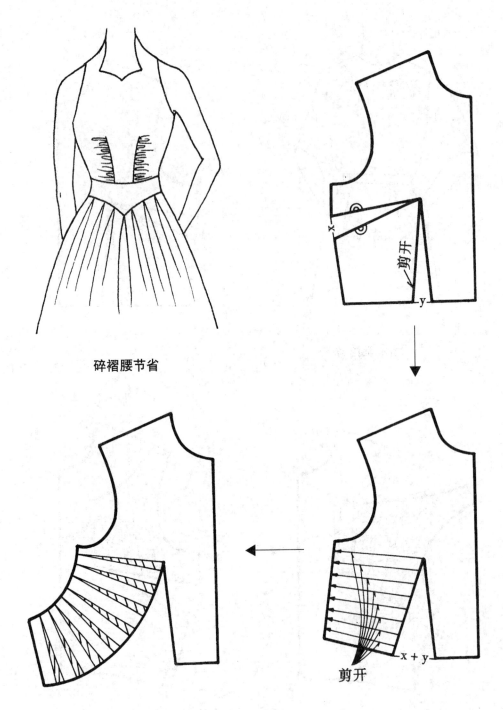

碎褶腰节省

图 5－19

14. 侧缝花瓣省(图 5-20)。

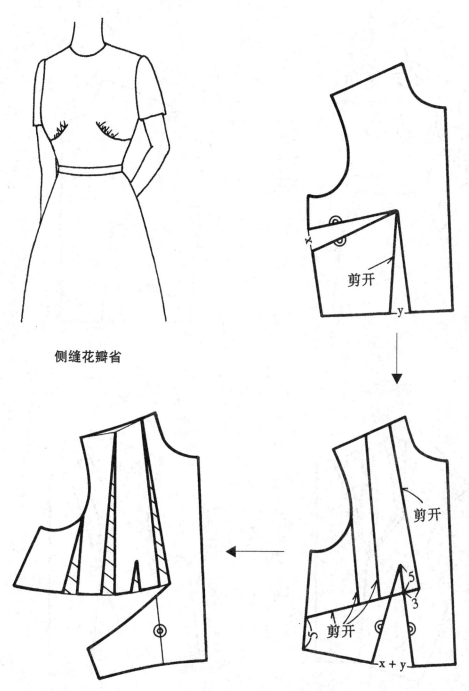

侧缝花瓣省

图　5－20

15. 折线领省(图 5-21)。

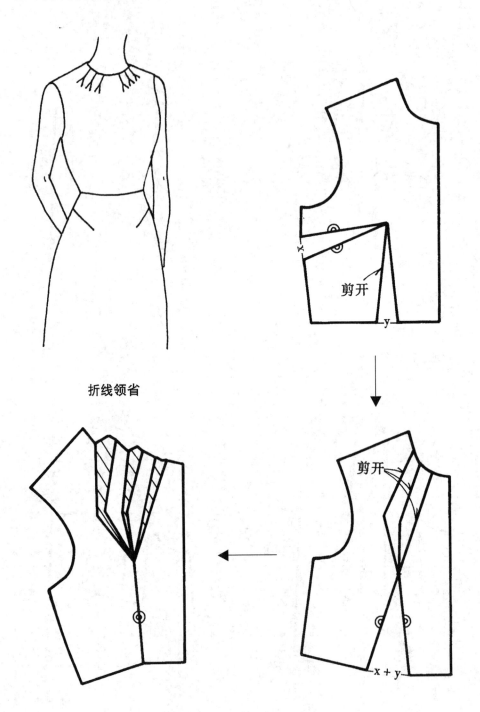

折线领省

剪开

x

y

剪开

x + y

图 5－21

16. 不对称横省(图 5-22)。

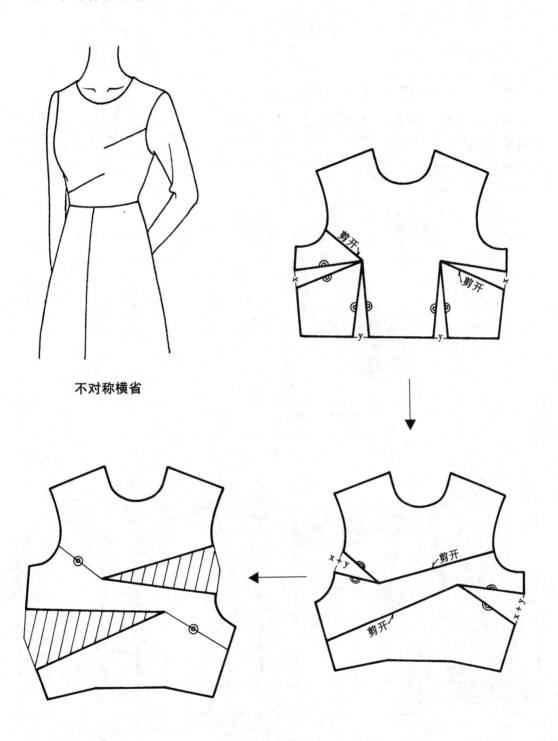

不对称横省

图 5-22

第四节 衣袖结构设计

一、衣袖结构的相关因素

袖子与衣身的袖窿弧线造型有着密切的关联。袖窿底弧线的造型决定了袖子底弧线的造型。一般女装衣袖的袖窿底弧线呈正鹅蛋形的形态（图5-23），当衣身的胸线下落呈宽松状态时，袖窿底弧线会形成尖圆形（图5-24），也有呈方形状的（图5－25）。

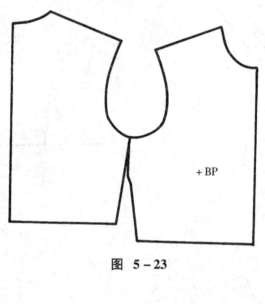

图 5－23

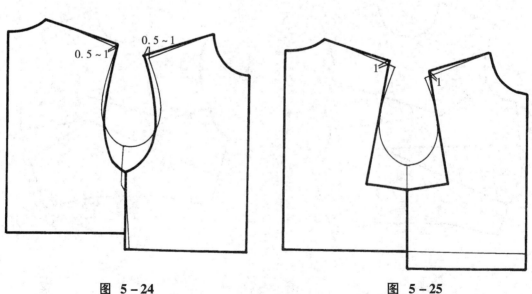

图 5－24   图 5－25

図 5−26

袖子的袖身有宽有窄，其宽窄变化主要是由袖山斜线与袖肥线的夹角决定的。当手撑胯部时，我们会看到袖底线与衣侧缝线的基本夹角在 70°左右，而袖中线与肩端点水平线的夹角基本在 55°左右（如图5-26）。为了使袖子造型与衣身造型相适应，我们把袖子也分成贴身、合身、较合身、宽松四种类型，分类依据主要是以袖山斜线与袖肥的夹角来控制的。当在衣身的肩端点作一条水平线时，这时它与袖窿弧线的夹角约呈 105°（图 5-27）。然后用四种不同的袖山斜线倾角来确定袖身类型，袖中心线与肩端点水平线的夹角贴身型为 55～60°，合身型为 45～50°，较合身型为 35～40°，宽松型为 25～30°（图 5-28）。从图中不难看出，袖山深则袖肥小，袖山浅则袖肥大。

图 5−27

貼身型袖（袖身瘦）

图 5−28 ①

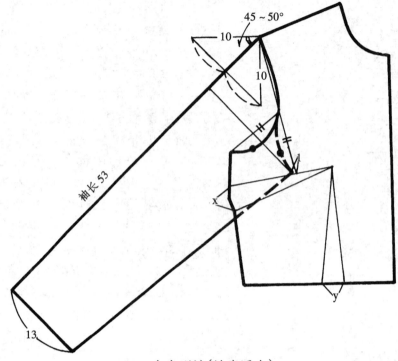

合身型袖（袖身适中）

图 5－28②

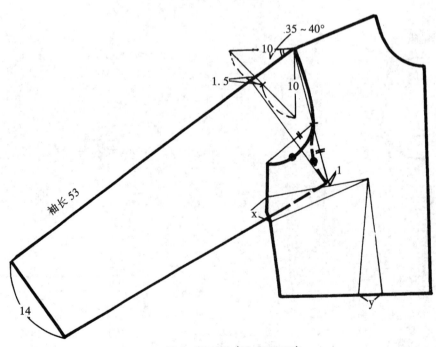

较合身型袖（袖身稍肥）

图 5－28③

二、独片袖基本型的建立

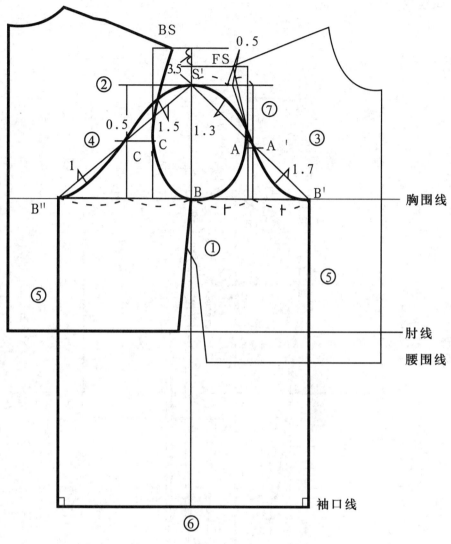

图5-29~31

基本型袖的制图方法：

① 作衣侧缝线的延伸线为袖中线。

② 作衣袖窿身平均值高的5/4定袖上平线。

③ 量取前衣袖窿弧长-0.5cm，作S'到B'的前袖斜线。

④ 量取后衣袖窿弧长+0.5cm，作S'到B'的后袖斜线。

⑤ 垂直胸围线作B'点和B"点延长线，袖肥宽框架大。

⑥ 由袖上平线下量52cm为袖口线。

⑦ 等分前袖宽并向右偏0.5cm作袖腰斜线。

⑧ 按凹凸造型画顺袖壮弧线。

三、西服两片袖结构制图

设袖长＝56cm，袖口＝12.8cm，袖山深＝14cm，袖斜线对角线为$\frac{AH}{2}-0.25$cm。

图5-32~34

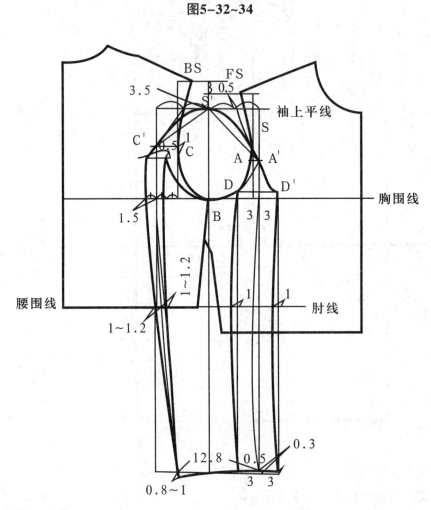

结构要点：

1. $\overparen{FSA}$+0.5＝S′A′，A至A′间距为0.7~1cm。

2. $\overparen{BSC}$-0.5＝S′C′，C至C′间距为3~3.5cm。

3. 前偏袖大为3cm；后偏袖大为1.5~2cm。

4. 袖吃势值在2.5cm左右。

5. 袖斜线角度约在40~41度，为合身型袖；
   如大于此角度为较贴身型袖；小于此角
   度为较合身型袖。

图5-35

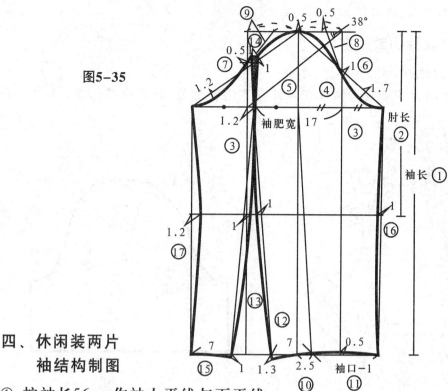

四、休闲装两片
袖结构制图

① 按袖长56cm作袖上平线与下平线。

② 从上平线量0.2cm=32cm为袖肘线。

③ 垂直上下平线作袖肥宽=17cm框架大。

④ 袖肥宽对角线量夹角38度为袖山深高。

⑤ 以1/2的袖肥宽向右偏0.5cm作袖中心线。

⑥ 展开前袖肥宽作对角线，并设前袖拐点。

⑦ 展开后袖肥宽作对角线，并设后袖山高点。

⑧ 取前袖肥的1/2偏右0.5cm与前袖拐点连线。

⑨ 取后袖肥宽1/2与后袖山高连线。

⑩ 在袖下平线的袖中心偏2.5cm处作袖口中心线。

⑪ 量取袖口-1cm为前袖口与袖肥大连线。

⑫ 量取（袖口+1）的1/2为后袖口大与袖外侧分割连线。

⑬ 大袖外侧缝凸出1cm划顺弧线。

⑭ 袖壮分割线劈去1cm作大小袖片的造型线。

⑮ 量（袖口+1）的1/2为小袖片袖口大与袖肥连线。

⑯ 前袖底缝作凹势1cm。

⑰ 后袖底缝作凹势1.2cm。

五、衣袖的款式变化

1. 泡泡袖（图 5-36）。

泡泡袖有瘦袖身泡泡袖和宽袖身泡泡袖之分，其结构展开方式是不相同的。

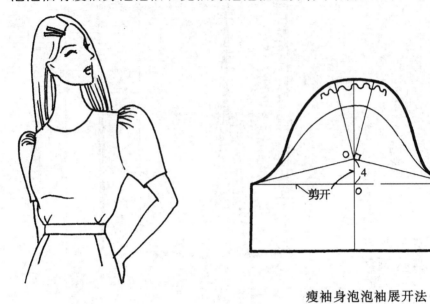

泡泡袖

瘦袖身泡泡袖展开法

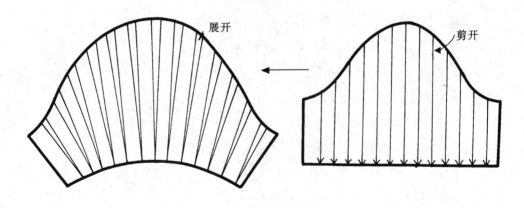

宽袖身泡泡袖展开法

图 5-36

2. 灯笼袖(图 5-37)。

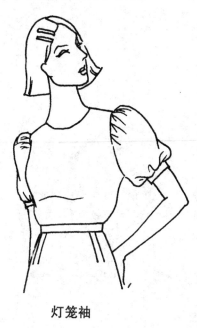

灯笼袖

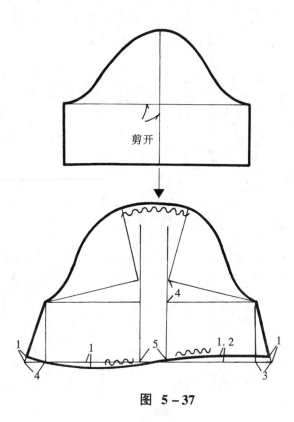

图 5-37

3. 喇叭袖(图 5-38)。

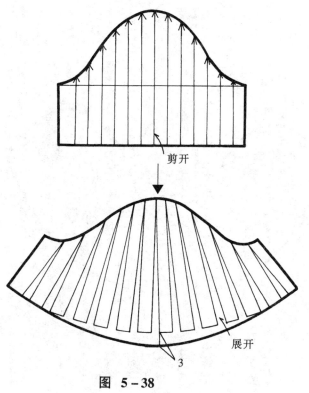

图 5-38

喇叭袖

4. 蚌壳袖(图 5-39)。

二片式蚌壳袖

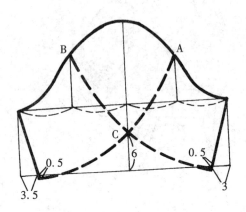

独片式抽细褶蚌壳袖

图 5-39

90

5. 横省独片袖(图 5-40)。

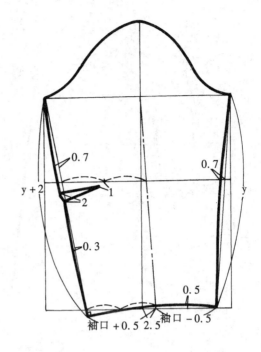

横省独片袖

图 5-40

6. 竖省独片袖(图 5-41)。

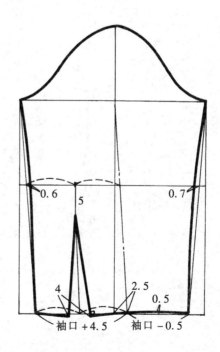

竖省独片袖

图 5-41

7. 落肩衬衫袖(图 5-42)。

落肩衬衫袖

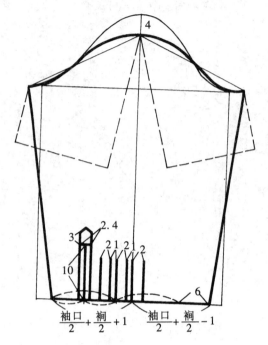

图 5-42

8. 垂褶袖(图 5-43)。

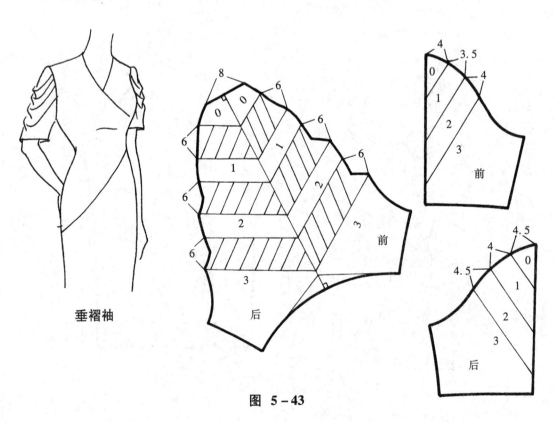

垂褶袖

图 5-43

92

9. 冒肩袖（图 5-44）。

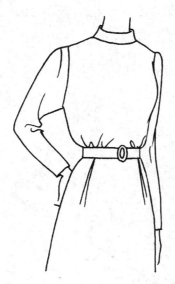

冒肩袖

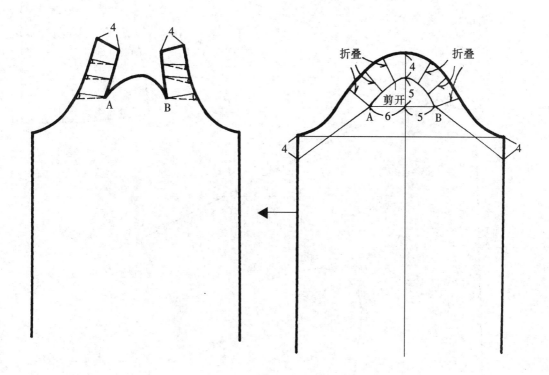

图 5-44

10. 宽松型全连身袖（图 5-45）

此袖款前衣袖中心线与肩端点水平线的倾角 30～25°，袖斜线夹角 12～10°。后衣摆缝补差 1cm。后袖肥大于前袖肥 3～4cm。

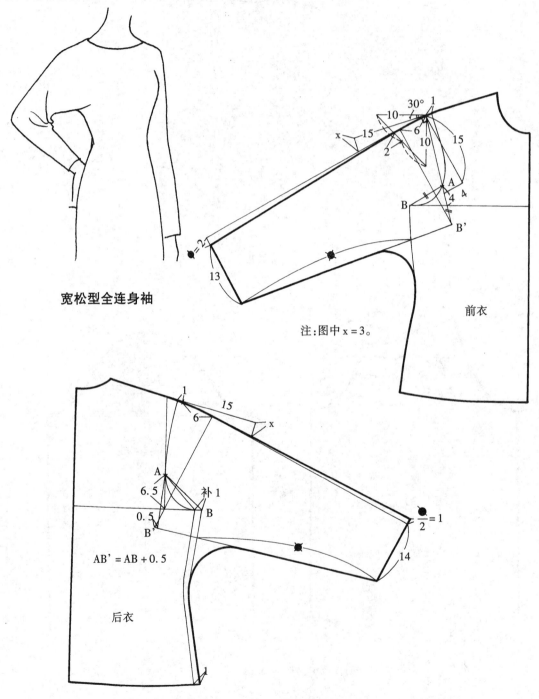

宽松型全连身袖

注：图中 x = 3。

前衣

AB' = AB + 0.5

后衣

图 5－45

94

11. 合身型插肩袖(图 5-46)

插肩袖形式可分为全插肩袖、半插肩袖(冒肩袖)、育克式插肩袖。此类袖款的前衣袖中线与肩端点水平线的倾角为 45 ~ 50°，袖斜线夹角 30 ~ 35°。前后袖底缝长基本相等。前后袖肥差 1.5 ~ 2cm。后衣袖拐点 AB' = AB + 0.5cm。

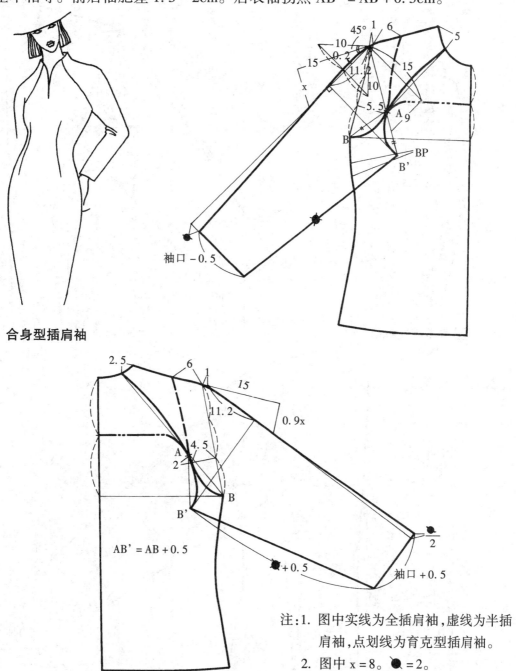

合身型插肩袖

注:1. 图中实线为全插肩袖,虚线为半插肩袖,点划线为育克型插肩袖。

2. 图中 x = 8。● = 2。

图 5 - 46

12. 贴身型半连身袖(图 5-47)

此袖款前衣袖中线与肩端点水平线的倾角为 55 ~ 60°，袖斜线夹角 40 ~ 43°。前后袖肥差 1 ~ 1.5cm。前后袖中心线角度差 8°。B'点与刀背公主线间距 3 ~ 4cm。

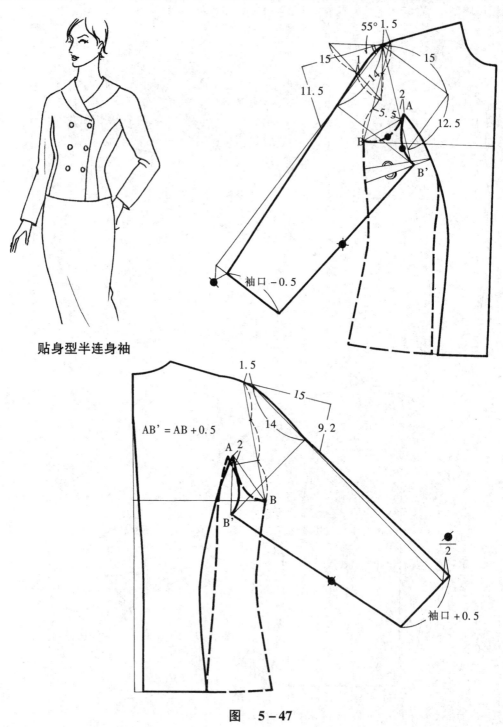

贴身型半连身袖

图 5-47

13. 较宽松型插角连身袖(图 5-48)

此袖款前衣袖中线与肩端点水平线倾角 35～40°，袖斜线夹角 22～25°。后衣摆缝补差 1～1.5cm。前后袖肥差 2～3cm。

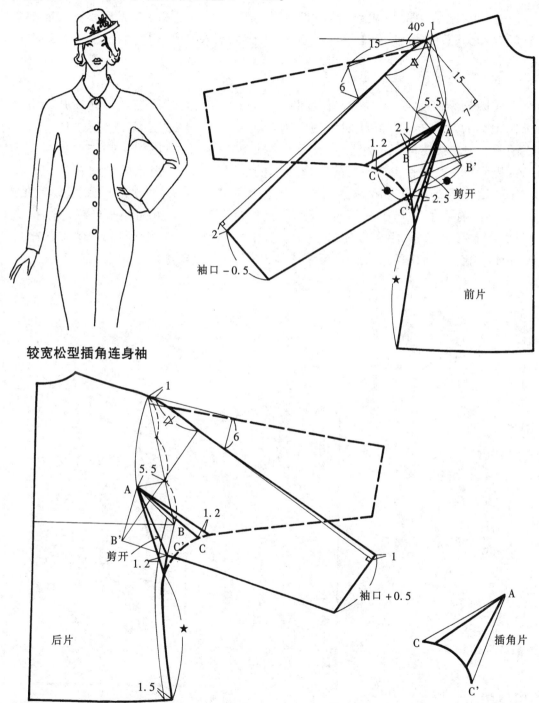

较宽松型插角连身袖

图 5-48

97

第五节　衣领结构设计

衣领在服装中部位醒目,是整件服装饰配的重点之一,至关重要。下面把衣领分成领圈型领、平折领、翻折领、立领四个大类,分别介绍它们的结构设计。

一、领圈型领

领圈型领又称无领片领。衣身的基型就是一种无领片领,它的横开领点基本切在颈脖的弧线上,为合身型领圈。随着衣领款式的变化,横开领点产生移动,或逐渐地拉开,就变成了各种较宽松型和宽松型衣领了(如图 5-49～51)。从图中我们可以看到,离颈脖点越开,前后横开领的差数就越大,而且前肩缝角度也会有所减小。因为人的脖子与颈窝点是有一定角度的,如图 5-52 所示,间距约为 0.3～0.5cm。当前衣中线不作劈门时,就须将此间距看作劈门量的关闭处理。这样,前领圈就不会有引起横褶垂落的松量了。一般前后横开领差数可调整为 0.5cm 至 0.7cm。当直开领加深的量较多,而横开领加量小时,就须考虑设前衣劈门(图 5-53)。

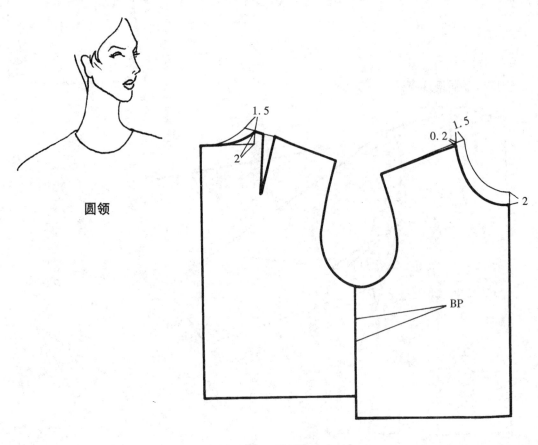

圆领

图　5－49

U 字领

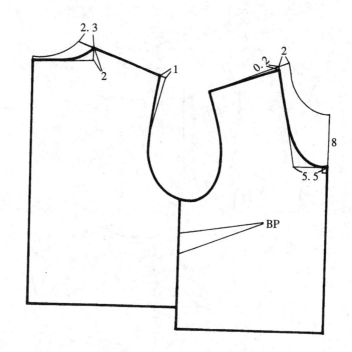

图 5－50

船领

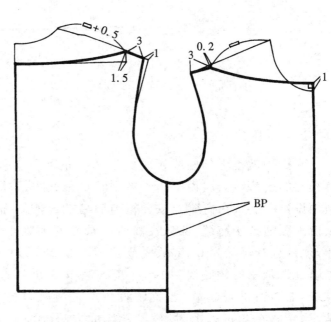

图 5－51

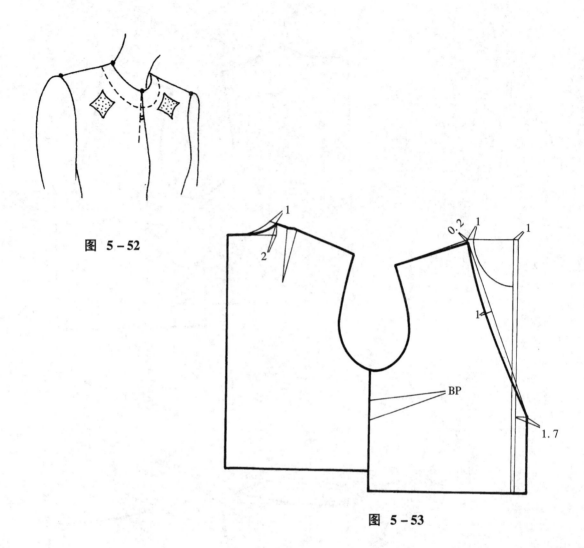

图 5－52

图 5－53

二、平折领

平折领就是无领座或领座低于 2cm 的衣领。如果无领座，那么它的折印线就是领圈的造型线。所以平折领的设计，首先需按款式图所要求的领圈形态作领圈结构设计；然后在肩缝处按翻领与肩缝的比例划出领外止口线造型。为了使领外止口平服地披于肩缝，那么在前后肩端点处须重叠 1.5cm。为了使后领底弧线不外吐，须将直开领抬高 0.5cm，横开领移进 0.5cm，再划顺领底线（图 5-54～56）。图中的虚线为领子的领底线。如果肩缝重叠 4cm（前后各 2cm），翻折线与领底线之间就有 1～1.2cm 的登起量（也称领座量），肩缝重叠量大，领座量就高，反之就低。但是，当领座在 2cm 以上时，就不能按此方法配领了，而应该参照下面翻折领的方法制图。

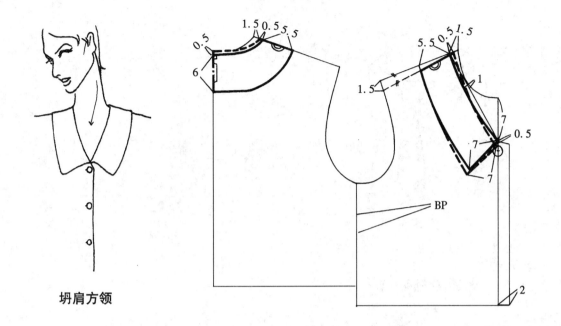

坍肩方领

图 5－54

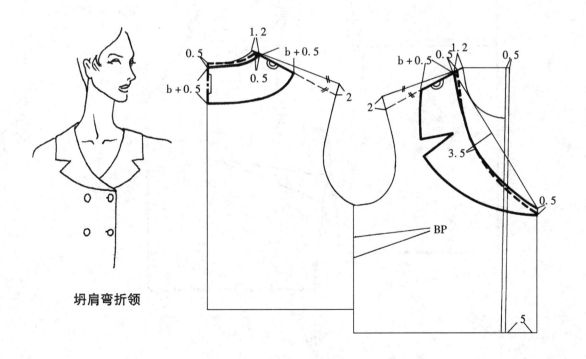

坍肩弯折领

图 5－55

海军领

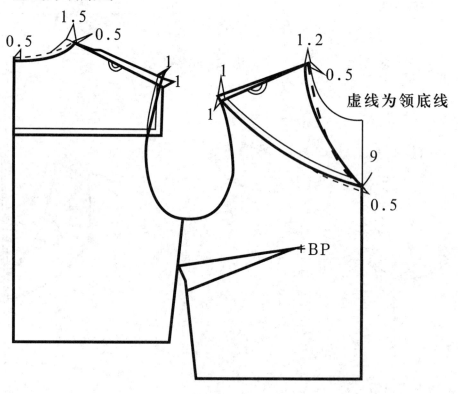

虚线为领底线

1.5

0.5   0.5

1

1

1.2

0.5

虚线为领底线

1

1

9

0.5

+BP

图5-56

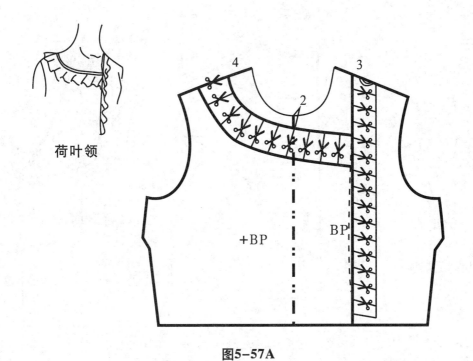

荷叶领

+BP   BP'

图5-57A

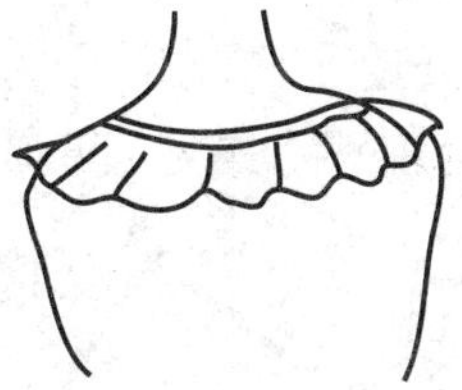

荷叶领的后衣身

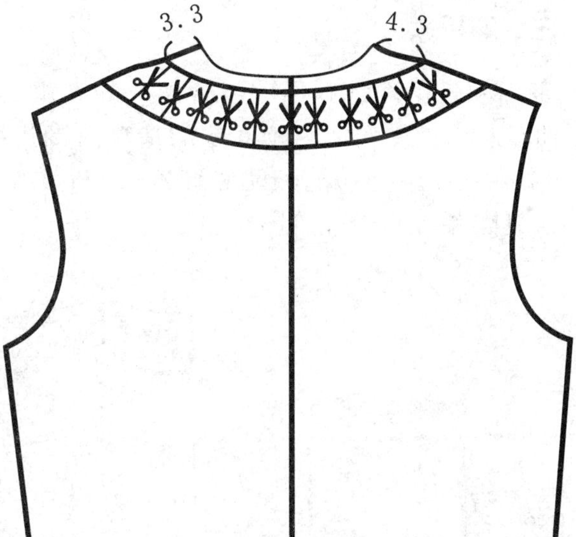

3.3   4.3

荷叶领展开图形根
据领的长度旋转

图5-57B

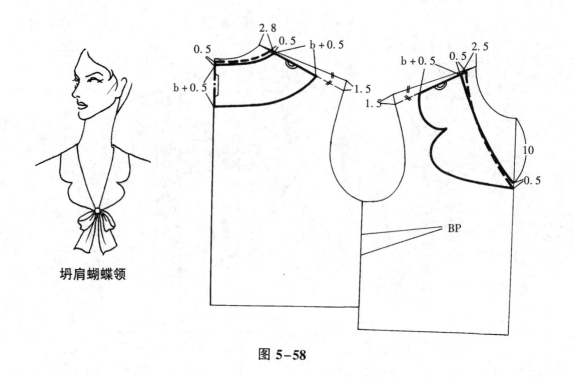

图 5-58

三、翻折领

翻折领是由翻领和领座组合而成的衣领,其领腰(即翻折线)的造型大致有直线、曲线和弯线三种,因领底线的造型由翻折线的形态所决定,因此也分为三种,即:平弧线(图 5-57)能翻能竖穿着;凹凸弧线(图 5-58)能翻能关穿着;凹弧线(图 5-59),只能关门穿着。

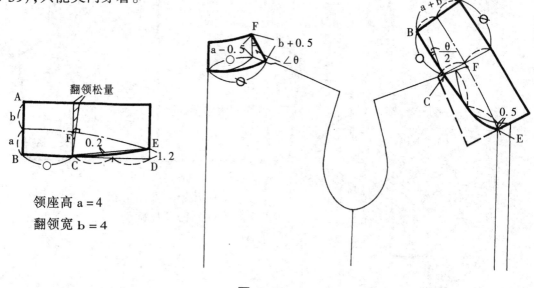

领座高 a = 4
翻领宽 b = 4

图 5-59

104

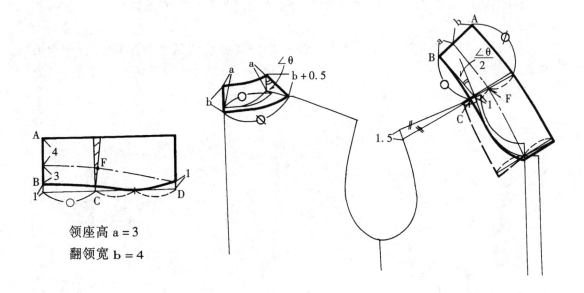

领座高 a = 3
翻领宽 b = 4

图 5-60

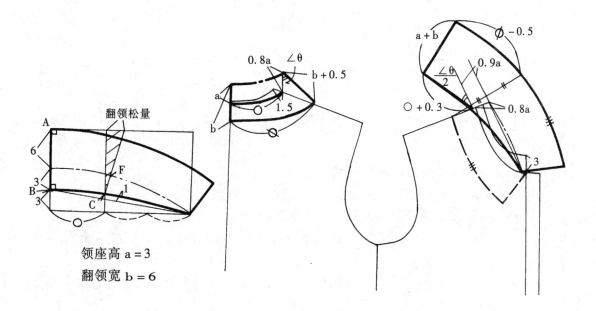

领座高 a = 3
翻领宽 b = 6

图 5-61

在衣身上配翻折领同样也是依据翻折线造型和穿着的款式效果来进行制图配领的。

人的颈部犹如一个井台,领腰弧线最小,领底线弧线长等于或近似于领腰线长,而领外止口线一定长于领腰线(图 5-62)。因此须准确定出翻领松量值,可以用角度法测得,也可通过公式法推算。

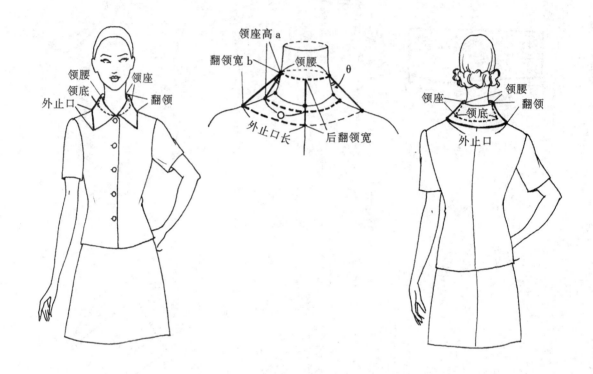

图 5-62

这里介绍两种配翻折领的方法。

1. 直线翻折领,用折翻射影方法配制(图 5-63)。

设领座 a = 3cm,翻领 b = 5cm。

① 由横开领到 A 点(领基点)宽为 0.7a,等于 2.1cm。A 点与装领点连接,为翻折线。

② 从 A 点向内量取翻领宽 +(0.3~0.5)cm 的量与肩缝相交,作出领外止口线造型。

③ 以翻折线为中位线,作出外止口线的对称图型。

④ 作平行于翻折线 0.9 领座量(2.7cm)的转角平折线 B 线。

⑤ 作角度值为 $\dfrac{\angle\theta}{2}$ 的 D 线,此为翻领松量线。

⑥ 在 D 线上取出后领弧长 ○ + 0.3cm 为后领底长。

⑦ 作垂直于 D 线的后领中线，在此线上取 a + b 值，为后领中高。

⑧ 作后领外止口线，其弧长相等于"∅"，允许有 0.3cm 左右差量值。

⑨ 在后领底线的 $\frac{1}{2}$ 处与前领圈弯点划顺领底弧线，装领点下落 0.5cm。

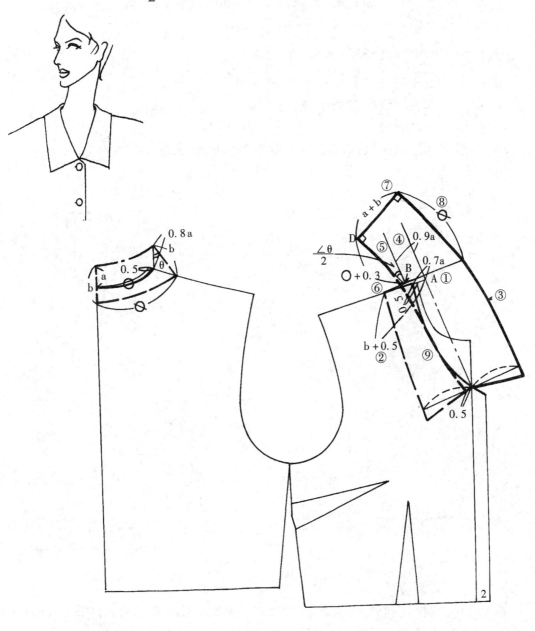

图 5-63

2. 曲线翻折领,可直接在衣身上划样(图 5-64)。

设领座 a = 3cm,翻领 b = 5cm。

① 作与横开领点间距为 0.7a 的领基点 A。

② 将领基点与装领点(即直开领深)连接,画出款式要求的翻折曲线。

③ 在前后衣身上作翻领造型,定出领外止口线长。

④ 作平行于翻折线间距为 0.9a 的 B 线。

⑤ 作翻领松量线,松量角度为 $\dfrac{\angle\theta}{2}$。

⑥ 取后领圈弧长○ + 0.3cm,作后领底线。

⑦ 作垂直于领底线的后领中线,宽为 a + b 量。

⑧ 作领外止口弧线。

⑨ 依据翻领的款式效果与翻折的造型作领底弧线。

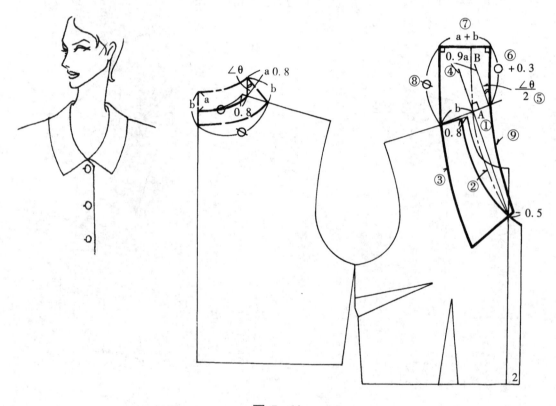

图 5-64

　　翻驳领是翻折领和驳头的组合。它的衣领形态为敞开式的,因此在制图时要掌握驳口位置的高低,以确定劈门量的大小。一般驳口位高的作 0.5cm 的劈门,驳口位低的作 1cm 劈门,双排扣款式的劈门略大于单排扣的劈门。图 5-63～65 是不同驳口位的翻驳领的结构制图方法。

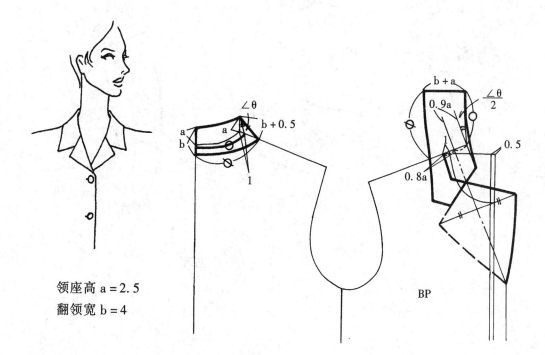

领座高 a = 2.5
翻领宽 b = 4

图 5-65

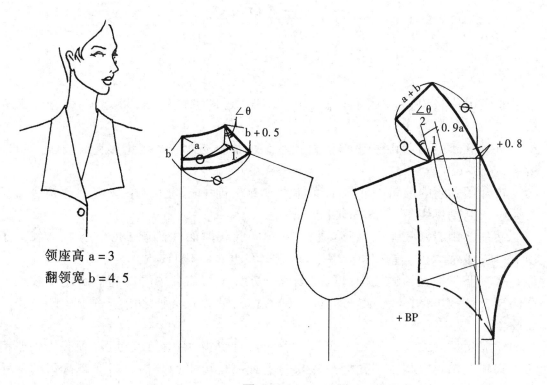

领座高 a = 3
翻领宽 b = 4.5

图 5-66

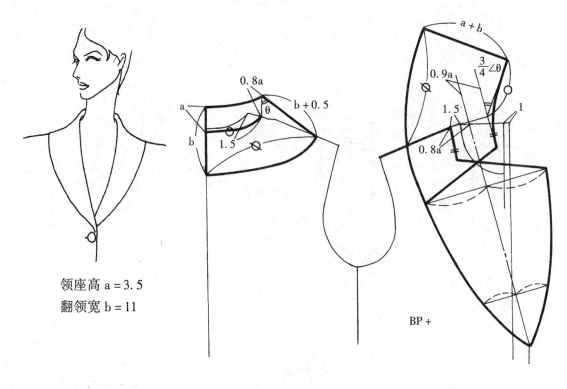

领座高 a = 3.5
翻领宽 b = 11

图 5-67

四、立领

立领也称竖领。立领同样有三种基本形态,即宽颈立领、较合颈立领、贴颈立领。

宽颈立领的前后中领线都呈直角状,曲面体近似90°因此领底线与领上口线相等(图 5-68)。

较合颈立领的前领中底线曲面体大于90°,前中起翘 1.5 ~ 2cm,因此领底弧长应大于领上口弧线 1 ~ 1.5cm(图 5-69)。

贴颈立领的领底弧线呈圆台状,前领中底线曲面体接近180°,领底弧长大于领上口线 3cm 以上,差数较大,因此领侧缝线也较斜(图 5-70)。

从以上三种立领的结构可以看出,领切点 A 与前领中的起翘值决定了领型的宽松与合身,领 SNP 转折点与前横开领的相交量的大小则影响了领上口的宽松与贴颈。

立翻领是立领与翻领的组合形式。如男衬衫领、中山装领、风衣领等均是典型的立翻领款式。这些衣领同样可在衣身上配制也可平面配制,只要掌握了前面所讲的制图要领,就能轻松进行立翻领配制了。

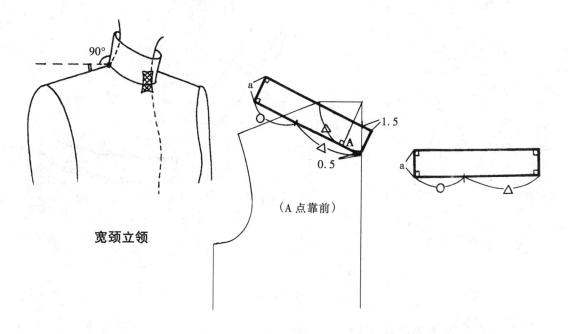

宽颈立领

90°

（A点靠前）

图 5-68

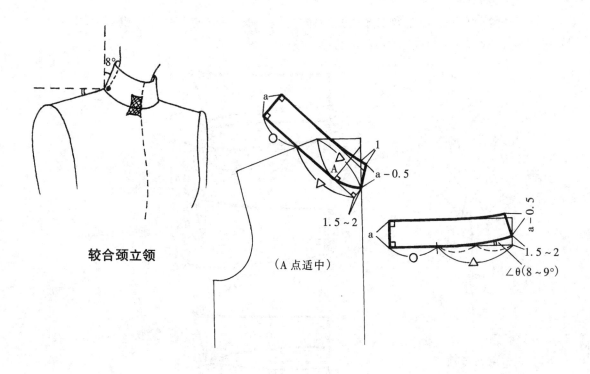

较合颈立领

8°

（A点适中）

1.5~2

a-0.5

1.5~2

∠θ(8~9°)

图 5-69

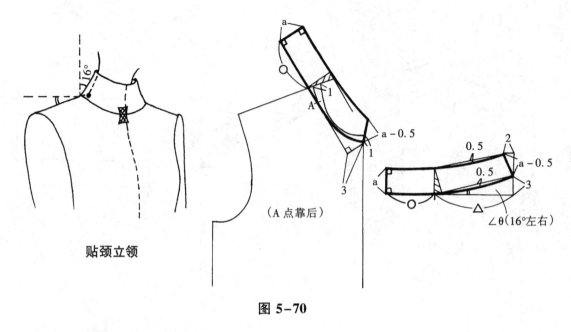

貼頸立領

（A 点靠后）

∠θ(16°左右)

图 5-70

五、衣领结构的组合设计

1. 男衬衫领(图 5-71)。

男衬衫领有传统正规式样的合颈式,有休闲风格的宽颈式,也有连领座的,按照不同的款式特点,应采取不同的结构方式(图 5-69)。

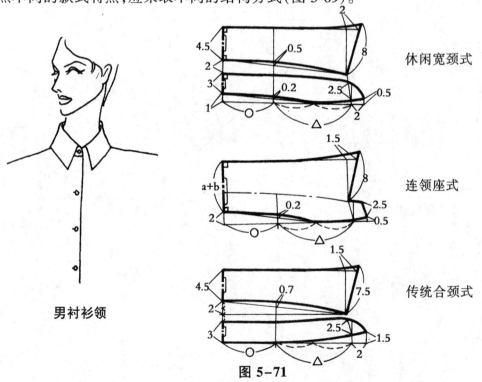

男衬衫领

休闲宽颈式

连领座式

传统合颈式

图 5-71

2. 中山装领 (图 5-72)。

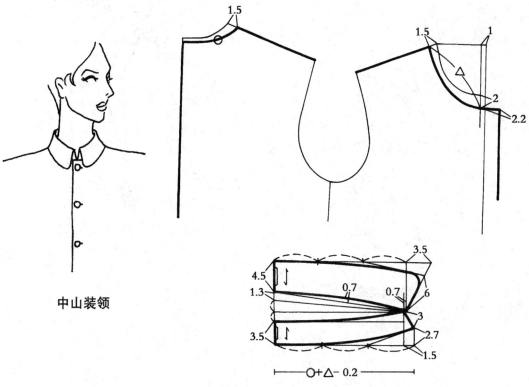

中山装领

图 5-72

3. 风雨衣领 (图 5-73)。

风雨衣领

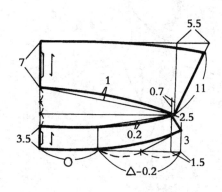

图 5-73

4. 连衣旗袍领 (图 5-74)。

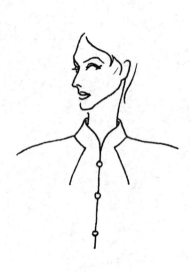

连衣旗袍领

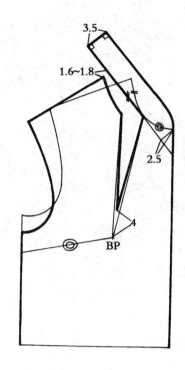

图 5-74

5. 缺口登领 (图 5-75)。

缺口登领

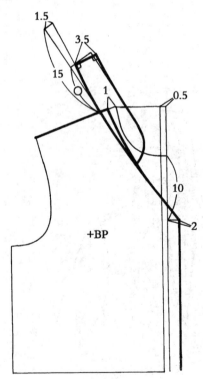

图 5-75

114

6. 凤仙领(图 5-76)。

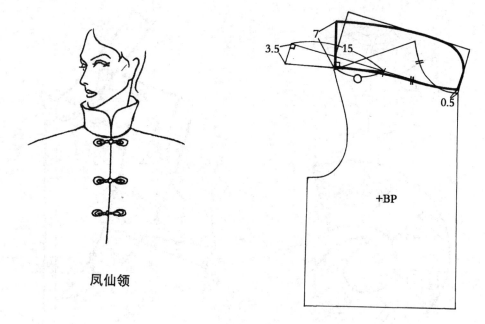

凤仙领

图 5-76

7. 花瓶企领(图 5-77)。

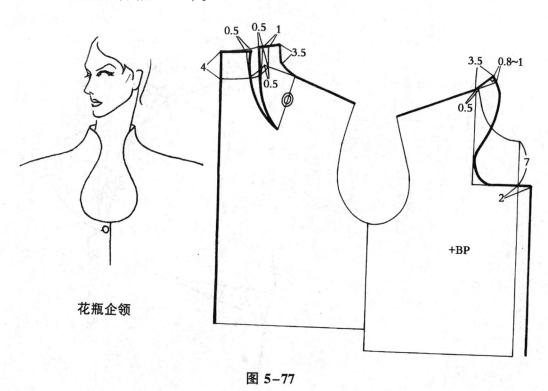

花瓶企领

图 5-77

8.贴颈公主衫立领

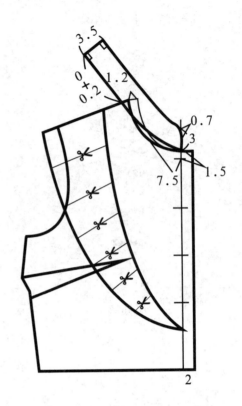

荷叶边展开图形

图5-78

9.宽颈立翻领

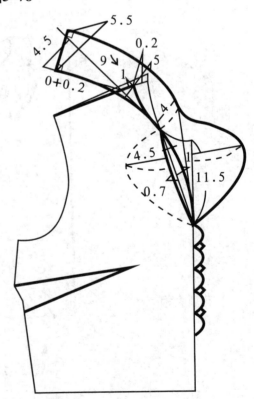

图5-79

10. 后开门卷翻领 (图 5-80)。

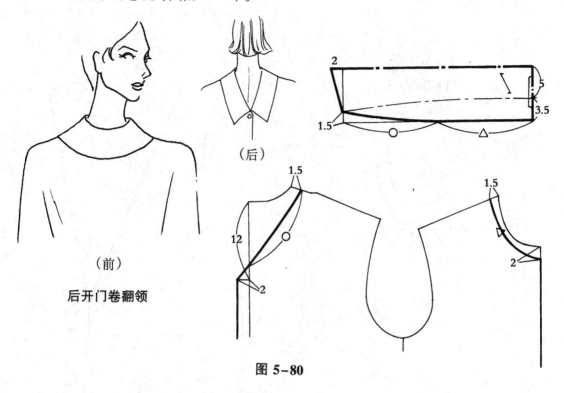

（前）

后开门卷翻领

（后）

图 5-80

11. 自然垂领 (图 5-81)。

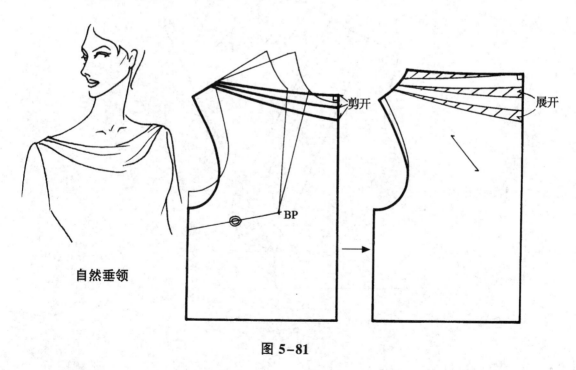

自然垂领

剪开

展开

BP

图 5-81

12. 环领 (图 5-82)。

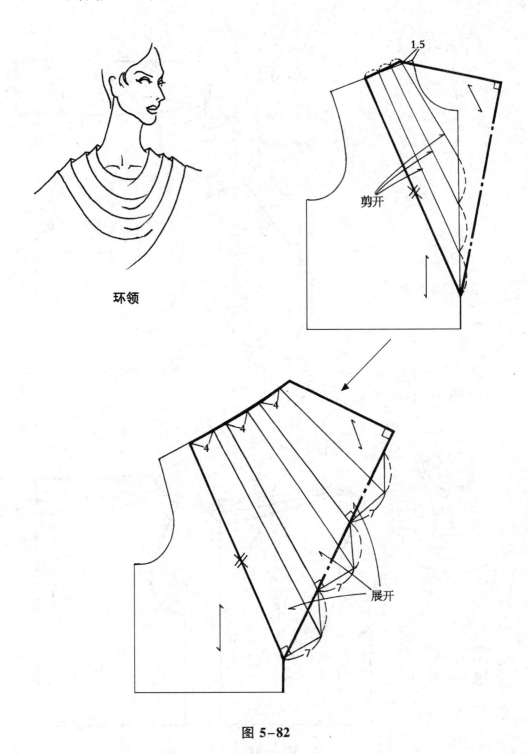

环领

1.5

剪开

展开

图 5-82

118

13. 前驳后立领 (图 5-83)。

前驳后立领

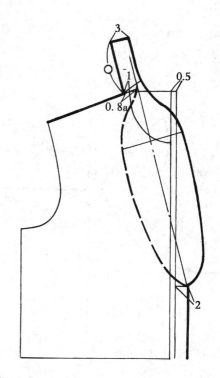

图 5-83

14. 连衣驳领 (图 5-84)。

连衣驳领

领座高 a = 3
翻领宽 b = 4

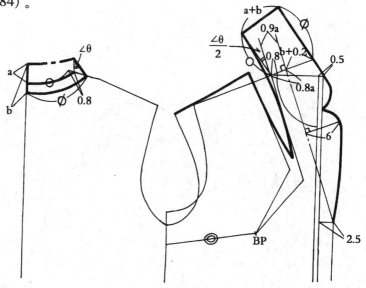

图 5-84

119

15. 高缺口驳领 (图 5-85)。

领座高 a = 3
翻领宽 b = 8

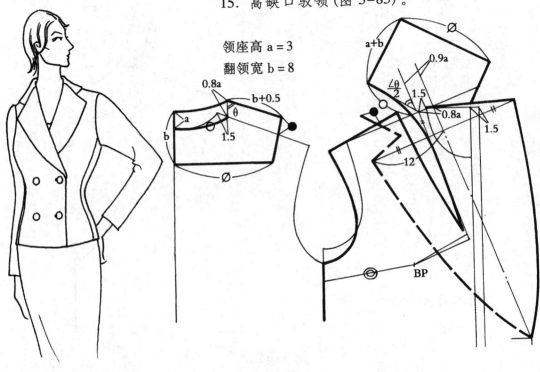

高缺口驳领

图 5-85

16. 双翼领 (图 5-86)。

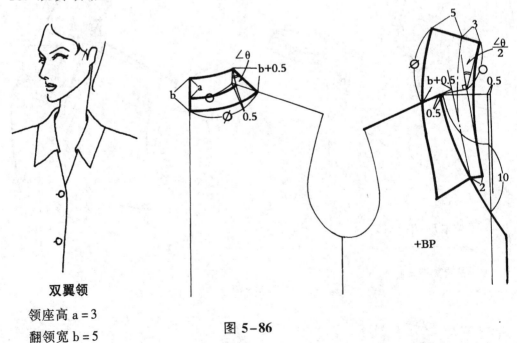

双翼领

领座高 a = 3
翻领宽 b = 5

图 5-86

120

17. 翻折连帽领(图 5-87)。

翻折连帽领

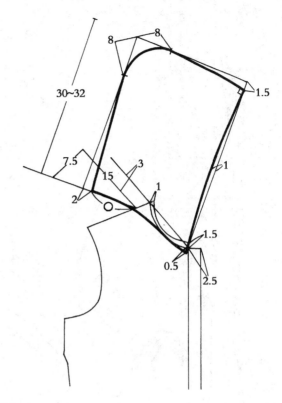

图 5-87

18. 竖连帽领(图 5-88)。

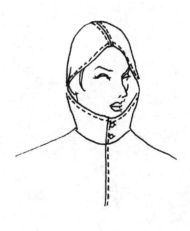

竖连帽领

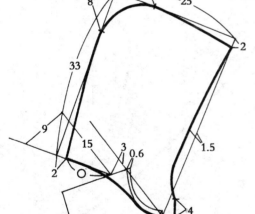

图 5-88

19. 坍肩连帽领(图 5-89)。

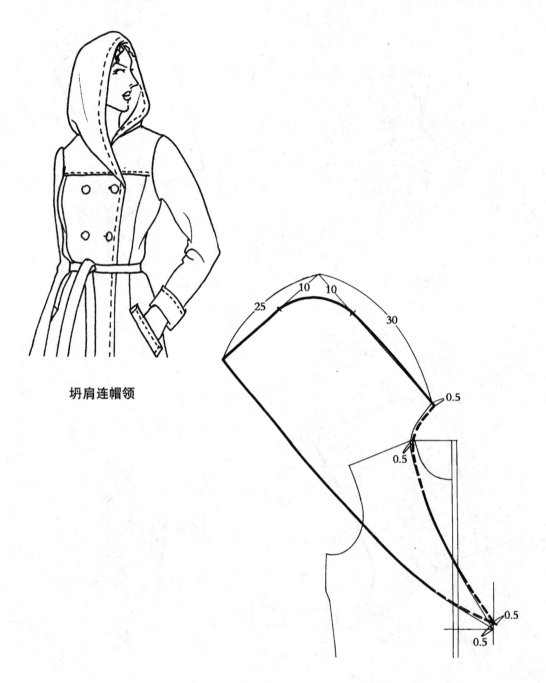

坍肩连帽领

图 5-89

20. 脱卸衣帽(图 5-90)。

脱卸衣帽

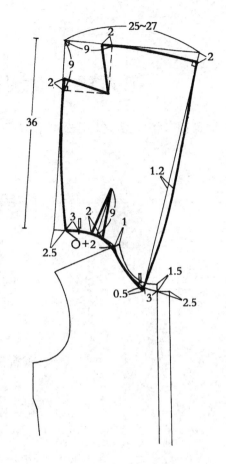

图 5-90

第六章 女装打样实例

本章按贴身型、合身型、较宽松型和宽松型四大类造型,分别介绍女装打样实例。

第一节 贴身型女装

贴身型女装一般为贴身穿着,衣款的胸腰加放量较少,约在 $2\sim4$cm。在制图时,如规格胸围小于基型规格时,可以用基型框架为制图的基本框架结构。

一、露背式短裙晚装

1. 选号型:160/82A。

2. 规格设计:

衣长 = 0.7 的号 – 2cm = 109cm,胸围 = 净胸围 + 6cm = 88cm,

腰围 = 净腰围 + 3cm = 66cm, 臀围 = 净臀围 + 4cm = 92cm,前腰节长 = 后背长 + 3.5cm = 41cm。

3. 制图要点:

(1) 此款为两节式衣裙,因此前腰节省大可定为 3.5cm, 并且胸宽线处也加设 0.5 ~ 1cm 的胸省值, 侧片分割线可相交 0.3 ~ 0.7cm 来增大胸隆起量,如胸部隆起较小,则无需相交。

(2) 因此款无吊带,工艺设计可在公主分割线上装鱼骨支撑, 裙里作网裙衬, 裙摆大小可自行控制。

(3) 肩饰前片需按图示展开,后片不用展开。

(4) 肩饰前中可钉装饰纽扣,也可装上用本布料制成的花饰一朵。

露背式短裙晚装

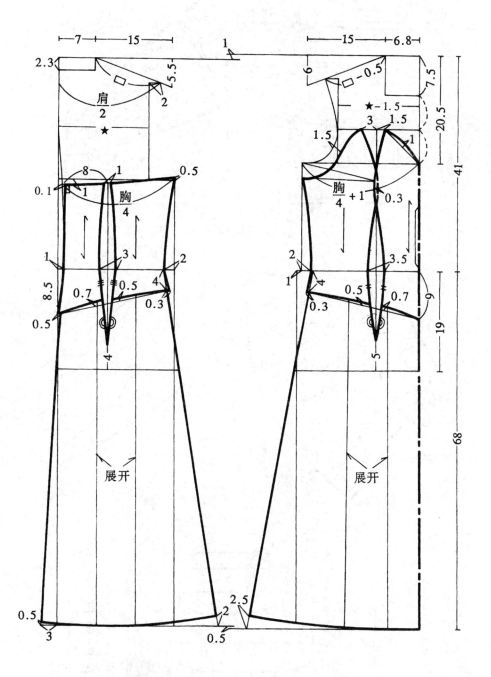

裙子结构图

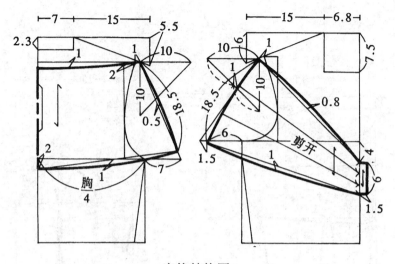

肩饰结构图

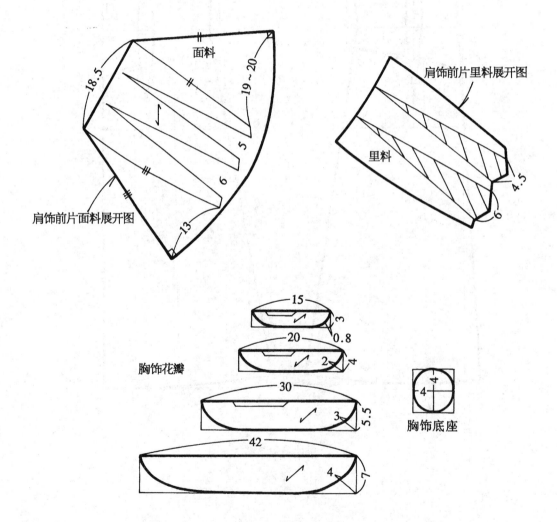

面料

肩饰前片里料展开图

里料

肩饰前片面料展开图

胸饰花瓣

胸饰底座

126

二、旗袍式吊带礼服

1. 选号型：160/84Y。
2. 规格设计：

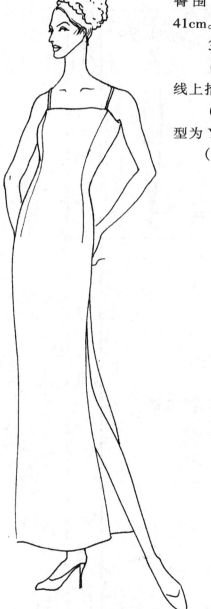

衣长 = 0.7 的号 + 15cm = 127cm，胸围 = 净胸围 + 4cm = 88cm，腰围 = 净腰围 + 4cm = 66cm，臀围 = 净臀围 + 4cm = 92cm，前腰节长 = 后背长 + 3.5cm = 41cm。

3. 制图要点：

（1）吊带衣属于无领无袖款式，因此胸线须在基线上抬高 1cm，前后领宽拉开差数。

（2）前衣胸隆起角度可大于基型 5°左右，因为号型为 Y 型，胸腰差较大。

（3）后衣无背中缝，因此需用两个腰节省位处理。

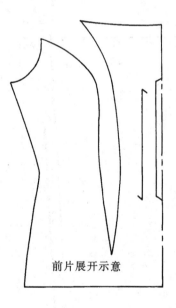

前片展开示意

旗袍式吊带礼服

127

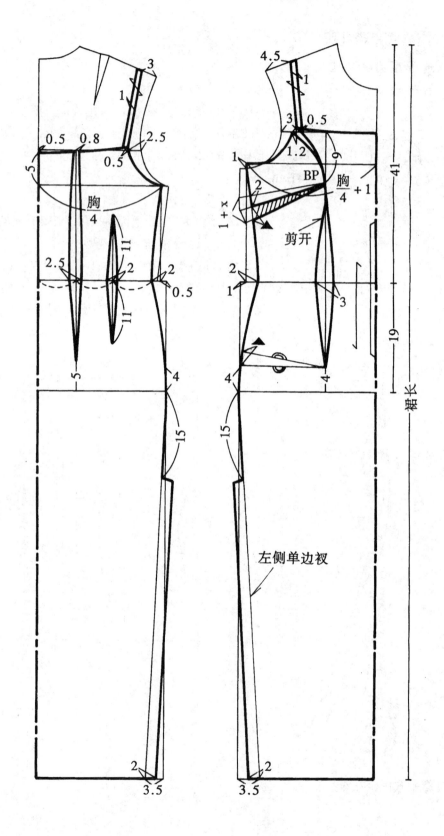

胸/4

胸/4 +1

BP

3

1

1.2

9

0.5

4.5

1

1+x

2

剪开

2

1

2

3

2

1

11

11

2.5

2

0.5

2

5

4

4

4

4

15

15

2

2

3.5

3.5

0.5

0.8

0.5

2.5

0.5

5

3

1

41

19

裙长

左侧单边衩

128

三、露背A摆晚礼服

1. 选号型：160／84A。

2. 规格设计：

衣长 = 0.7 的号 + 18cm = 130cm，胸围 = 净胸围 + 2cm = 86cm，

腰围 = 净腰围 + 4cm = 70cm，臀围 = 净臀围 + 4cm = 92cm，前腰节长 = 后背长 + 3cm = 40.5cm。

3. 制图要点：

(1) 前衣腋省 3cm 约 12°，那么袖窿省设 1.5cm 约 10°。由于前衣款分割线是月牙形，所以前腰节省不宜大，设 2.5cm 为好。

(2) 吊带不能按实长，应减去 1.5~2cm，一头做死，一头做活系扣。

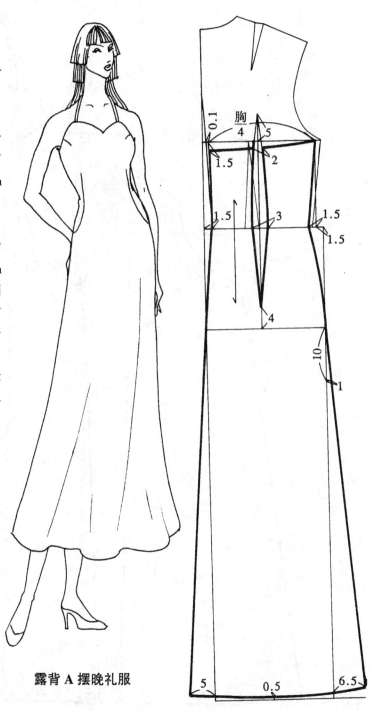

露背A摆晚礼服

129

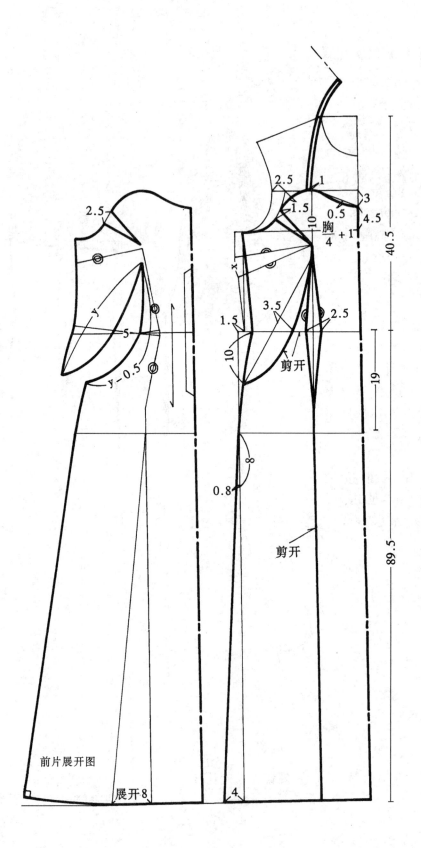

2.5

2.5
1
1.5
3
0.5
4.5
$\dfrac{胸}{4}+1$

10

x
y
5
3.5
1.5
2.5
剪开
10

y−0.5

8
0.8

剪开

40.5

19

89.5

前片展开图

展开8
4

四、中袖褶领连衣裙

1. 选号型：160/84A。

2. 规格设计：

衣长 = 0.6 的号 + 4cm = 100cm，腰围 = 净腰围 + 8cm = 92cm，肩宽 = 39.4cm，袖长 = 0.3 的号 = 48cm，袖口 = $\frac{胸}{10}$ + 3.5cm = 12.8cm，胸腰围差 18cm。

3. 制图要点：

(1) 前衣腰节省为二省并一省，前裙腰省转移至中缝处，取 1.7cm 值。后衣断腰节，裙腰省为两个，以弥补前裙腰省量的不足。

(2) 领子先按连登领制图，然后切割展开呈放射状。

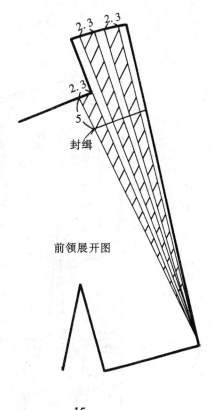

前领展开图

中袖褶领连衣裙

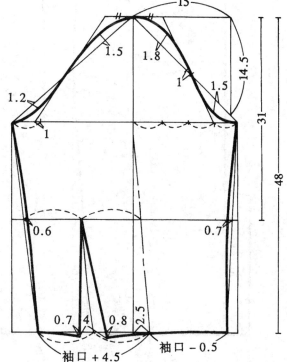

131

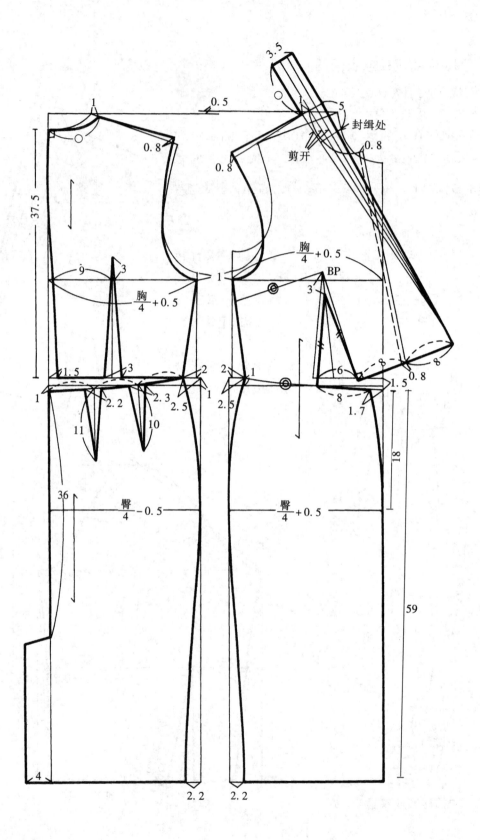

3.5

0.5

5

封缉处

0.8

剪开

0.8

0.8

1

$\dfrac{胸}{4}+0.5$

BP

37.5

9

3

$\dfrac{胸}{4}+0.5$

1

3

1.5

3

2

2

1

8

8

0.8

1

2.2

2.3

2.5

1

2.5

6

1.5

2

8

1.7

11

10

18

36

$\dfrac{臀}{4}-0.5$

$\dfrac{臀}{4}+0.5$

59

4

2.2

2.2

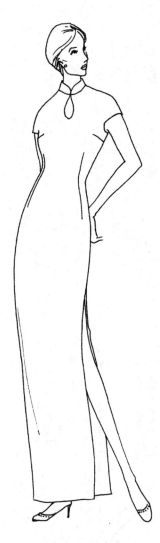

盖肩式旗袍裙

五、盖肩式旗袍裙

1. 选号型:160/84A。

2. 规格设计:

衣长 = 0.7 的号 + 13cm = 125cm,胸围 = 净胸围 + 6cm = 90cm,袖长 = 10cm,肩宽 = 39cm,腰围 = 净腰围 + 5cm = 73cm,臀围 = 净臀围 + 4cm = 94cm,前腰节长 = 后背长 + 3.5cm = 41cm。

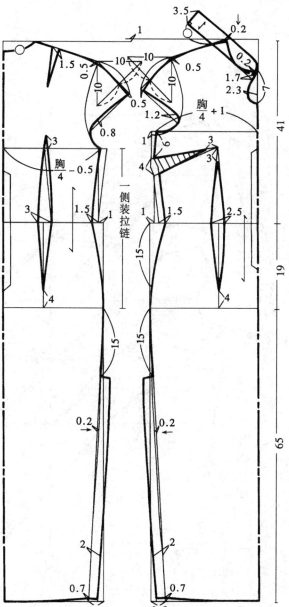

3. 制图要点:

(1) 此款为改良式旗袍,无垫肩,盖肩袖,因此肩宽不宜加量,袖中心线角度取48 ~ 50°。

(2) 登领为较合颈式,因此横开领不需打开,领切点取在前半领弯点,前领中起翘为 0.2cm。

(3) 旗袍两侧开衩,因此裙下摆劈势可加大,衩缝需往外凸出 0.2cm,使两衩缝能合拢为好。

133

六、斜裁连衣裙

制图要点：按斜袖针织衫框架结构转为无胸省框架，按图所示拼合成斜裁框架图。

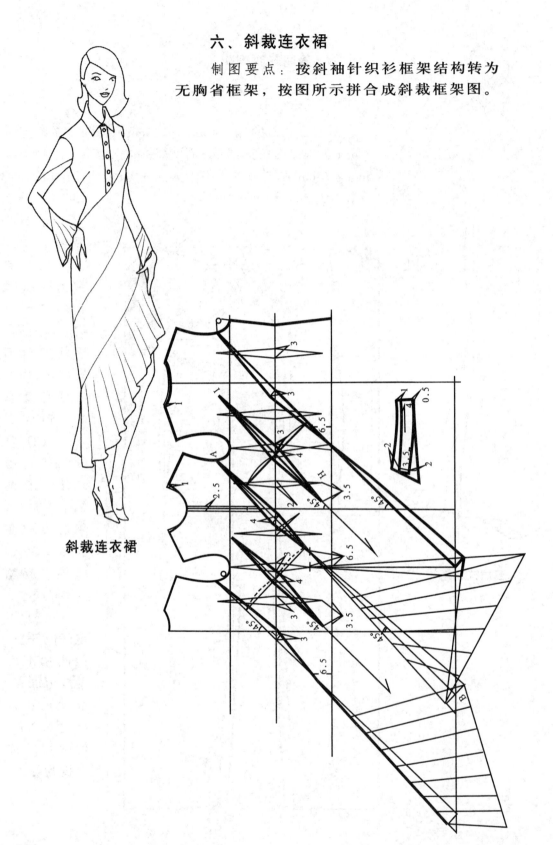

斜裁连衣裙

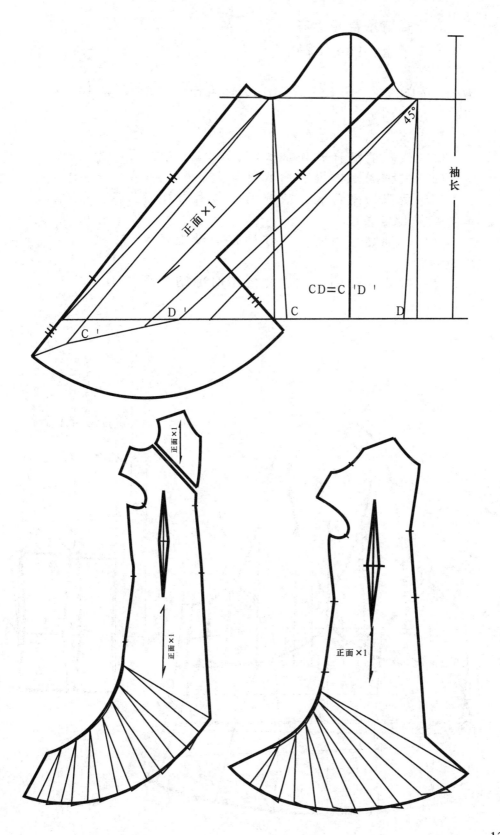

45°

袖长

CD＝C′D′

正面×1

C′ D′ C D

正面×1

正面×1

正面×1

七、露背吊带短上衣

1.选号型：160/84A。

2.规格设计：

胸围＝净胸围＋2cm＝86cm，衣长＝50cm，背长＝37.5cm。

3.制图要点：

(1) 按基型纸样衣长加长12.5cm。

(2) 按胸围规格设前后衣框架大。

(3) 后背为露背装，故在后腰节上方注意丝绺线的稳定性。

(4) 前袖窿为露膀，应在袖窿弯设置省量1.5cm。

(5) 按款式作前衣左右片的不对称结构图形。

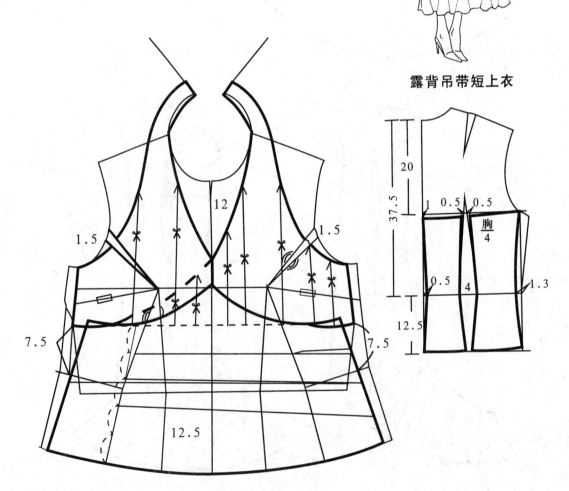

露背吊带短上衣

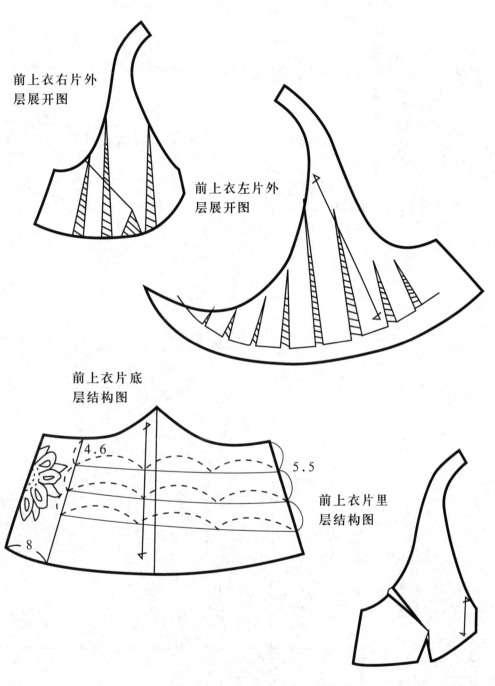

前上衣右片外
层展开图

前上衣左片外
层展开图

前上衣片底
层结构图

4.6

5.5

前上衣片里
层结构图

8

裁3根荷叶边宽,加1.5cm重叠量

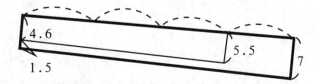

4.6

5.5

1.5

7

八、露背晚礼服裙

1.选号型：160/84A。

2.规格设计：

胸围＝86cm,其他尺寸参照图上所示。由于此款是贴体露背,
故要将胸省加至4.5cm。

3.制图要点：

（1）选用贴体型结构框架制版，转换值一般设16~18度,
也可根据面料确定。

（2）衣身长在臀线至下3cm，裙长以前后中间为基准，按
短裙长设计，裙底边呈三角造型。

（3）拉链装在侧缝，后背暴露部分按体型设计。

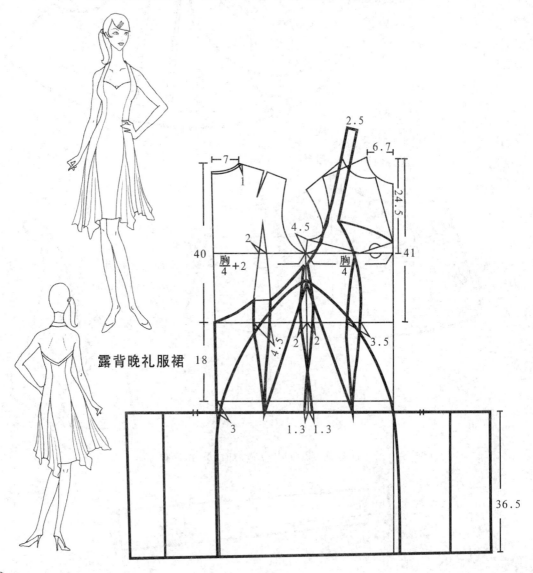

露背晚礼服裙

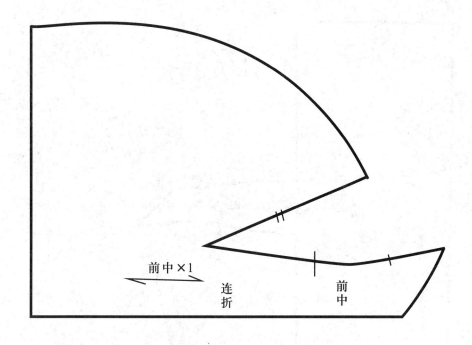

前中×1

连折

前中

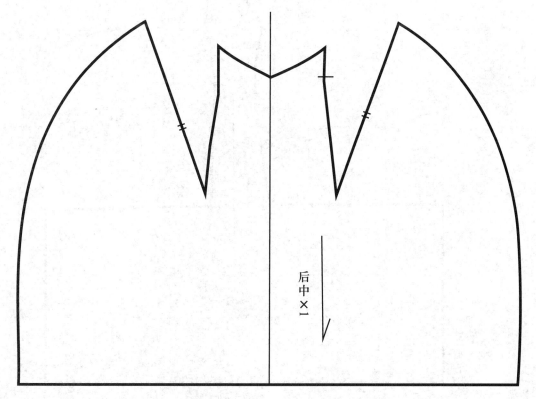

后中×1

139

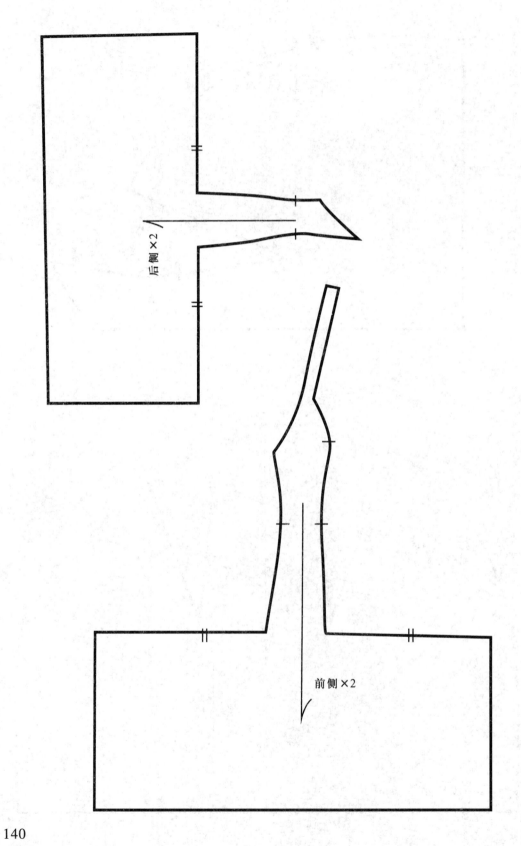

后侧×2

前侧×2

140

九、吊带衣裙

1.选号型：160/84。

2.规格设计：

胸围=净胸围+2cm=86cm，衣长=0.5号+X=82cm。

3.制图要点：

(1) 衣上半截按吊带装制图。

(2) 衣下半截按方巾裙制图。

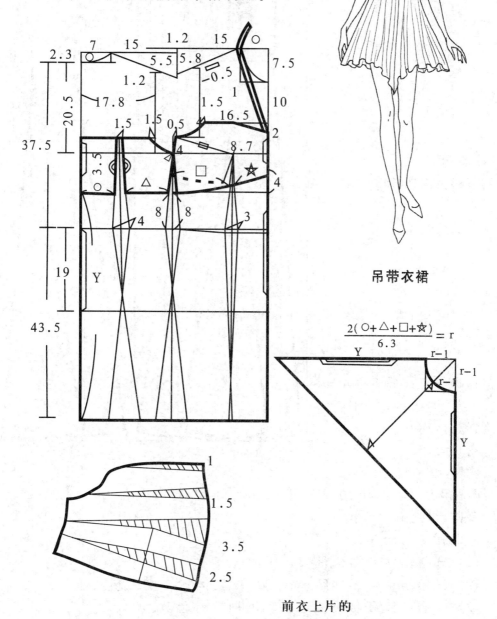

吊带衣裙

$$\frac{2(\bigcirc+\triangle+\square+\star)}{6.3}=r$$

前衣上片的

外层展开图

141

十、塔夫绸马甲礼服裙

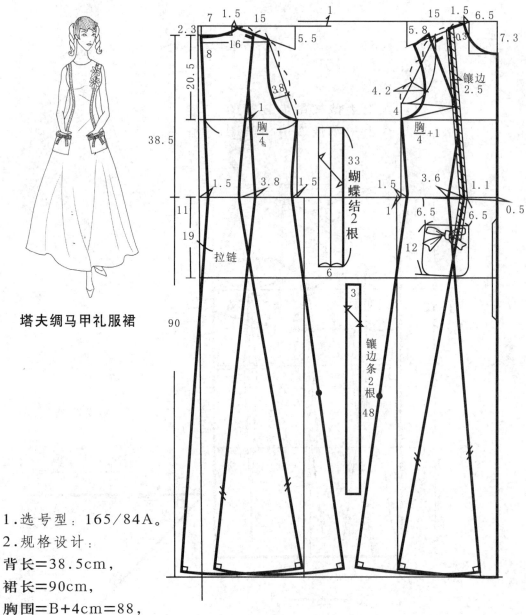

塔夫绸马甲礼服裙

1.选号型：165/84A。

2.规格设计：

背长＝38.5cm，

裙长＝90cm，

胸围＝B+4cm＝88，

腰围＝B−2cm＝68cm，

臀围＝98cm。

3.制图要点：

（1）选用贴体型结构框架。

（2）无领结构与无袖结构，可关闭乳沟省，增大转换值。

（3）窄肩可按SP与胸线连接划出袖窿弧造型。

（4）裙摆以按八片裙造型设计。

142

十一、褶皱立领衬衫

1．选号型：160/84A。

2．规格设计：

衣长＝0.3号＋X＝54cm，胸围＝净胸围＋6cm＝90cm，肩宽＝0.3胸＋10cm＝37cm，袖长＝0.3胸＋10cm＝58cm，袖克夫长＝20cm，腰围＝胸围－18cm＝72cm，袖肥宽＝0.2胸－（1.5～2）＝16.5cm。

3．制图要点：

（1）此款选用仿真丝绸。

（2）立领为合颈型，注意前后横开领差量。

（3）袖为平装灯笼，袖马蹄袖克夫。先按基型独片袖作图，再作切割展开袖口造型。

（4）衣止口用斜料滚边制作，不用挂面。

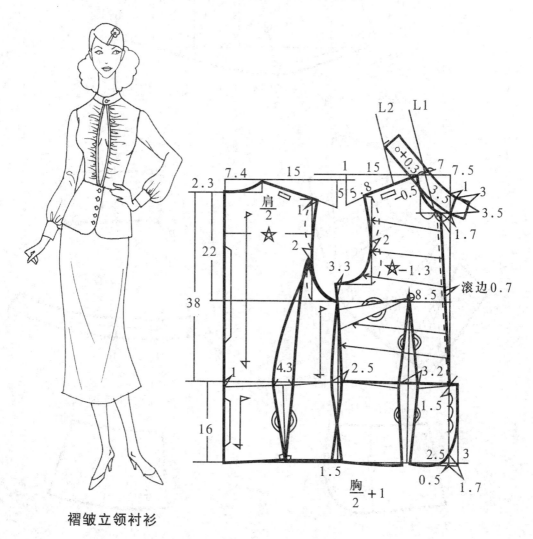

褶皱立领衬衫

143

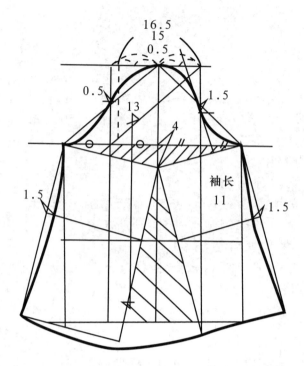

16.5
15
0.5
0.5
1.5
0.5
13
4
1.5
袖长
11
1.5
1.5

前衣上片展开图

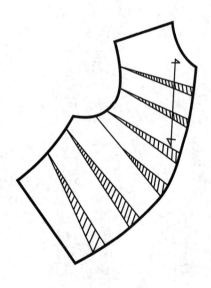

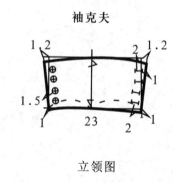

袖克夫

1.2
2
1.2
2
1
1.5
1
1
23
2
1

立领图

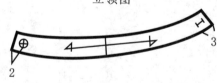

4
3
2

前衣下片图

后衣下片图

144

十二、斜袖针织衫

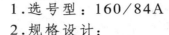

1. 选号型：160/84A
2. 规格设计：

胸围＝84cm，肩宽＝36cm，袖长＝58cm，后中衣长＝50cm。

3. 制图方法：

（1）前袖斜线AB等于前AH－0.7cm，后袖斜线AD等于后AH－0.4cm，DB＝EF，HE＝HD，IF＝IB。

（2）由于袖身划图时是直料，穿着时是斜料，故成衣后要进行修正。

（3）衣身框架选用较贴身型，胸围无需加放尺寸，侧腰吸省要适当做大至4～5cm，按针织料的伸缩性决定工艺操作，可将侧腰拔开0.6cm，前后横开领宽差可按原型。

斜袖针织衫

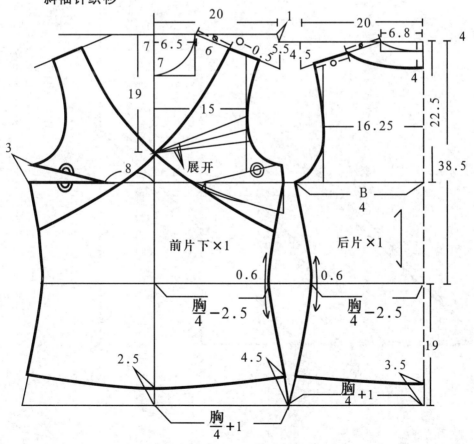

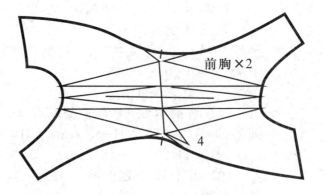

前胸×2

4

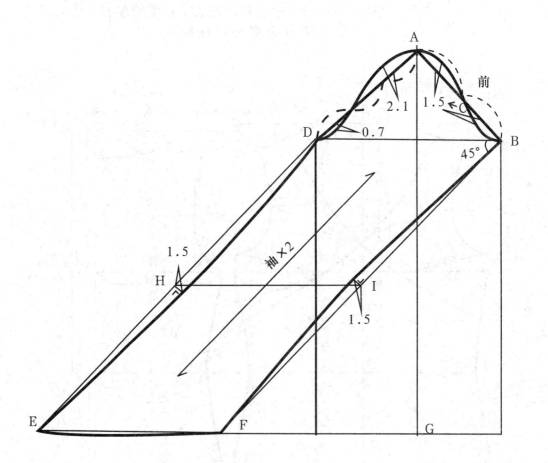

A

前

2.1

1.5

C

D

0.7

B

45°

1.5

袖×2

H

I

1.5

E

F

G

146

十三、无袖针织衫

1.选号型：160/84A。

2.规格设计：

后衣长＝51cm,胸围＝82cm，肩宽＝33cm。

3.制图要点：

（1）此款为无袖窄衣衫，作袖底弧线时，不能挖得过深，要平缓。

（2）前衣袖皱部的中间抽褶量可多设一些。

（3）前腰省合并以后重叠的量要将它再拔开，这样前中腹部腰吸造型会显示出来。

无袖针织衫

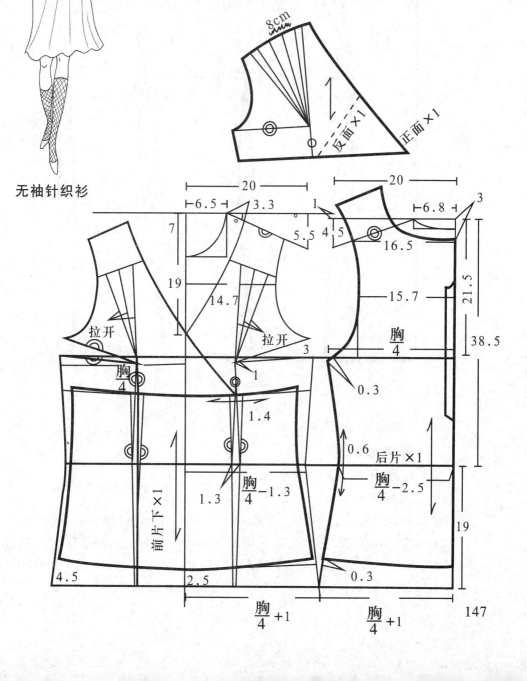

147

第二节 合身型女装

合身型一般用于职业套装、时装和休闲装。下面按合身型工业样板制图。

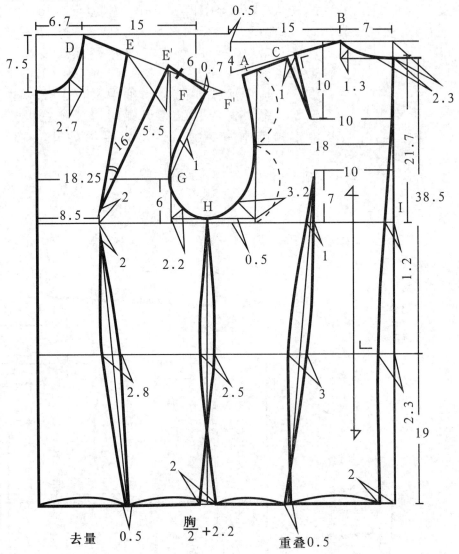

去量 0.5　　　$\frac{胸}{2}+2.2$　　　重叠0.5

一、 合身型女衬衫

基本型衣片

1.选号型：160/84A。

2.规格设计：

背长=38.5cm，胸围=净胸围+8cm=92cm，腰围=胸围-17cm=75cm，臀围=胸围+5cm=97cm，胸高=24.5cm，乳宽=17cm，肩宽=0.3胸+（11～12）=39cm，袖长0.3号+10.5cm=58.5cm，袖口=0.1胸+3.5cm=12.8cm。

3.制图步骤：

（1）画上平线，往下作2.3cm为颈锥点。由颈锥点往下量21.7cm为胸围线，由颈锥点往下量38.5cm作腰围线，再下量19cm为臀高线。

（2）垂直后中线按1/2胸围+2.2cm作出胸围框架大。

（3）后横开领宽：由后中量7cm为肩颈点，然后作15：4，AB为后肩缝长。

（4）取后中量10cm宽，10cm长相交并垂直后肩缝点为C点，省大为1cm。

（5）后胸围大设胸/4=HI=胸/4+1.2cm（后中省）+1cm。

（6）后背宽为18cm设在后袖窿深1/2处，袖窿底上抬0.5cm，后袖窿凹势为3.2cm画顺后袖窿，后袖窿弧长约22.5cm。

（7）后腰围大：HI−2.3cm（后中省大）−3cm（省大）−1.25cm（侧缝省）。

（8）后臀围大：HI+1cm（摆量）+0.5cm重叠量−2cm（后中省大），画顺后缝后侧缝。

（9）腰省位置：省尖设胸围线上7cm，距后中10cm，与下摆1/2处连接直线，下摆处重叠0.3～0.5cm(注意腰省越大重叠越少）。

（10）前衣袖窿深为24.5cm，前腰节长41cm。

（11）前胸围大胸：4=23cm。

（12）前腰围大胸：4−1.25cm（侧缝省）−2.8cm（腰省）。

（13）前臀围大胸：4+1cm（侧缝摆量）−0.5cm（前腰省减量）。

（14）前横开领为6.7cm，直开领为7.5cm，领凹势2.7cm，画顺领圈。

（15）以15：6定出前肩缝斜线，前肩宽DF=后肩缝长AB−0.3cm，DE=13cm−0.15cm。

（16）前肩省EE'=5.5cm，BP点距前中8.5cm，距上平线24.5cm。胸围线向上2cm为前肩胸省长。

（17）G点距前中18.25cm，距胸围线6cm，F'G拉直线凹势1cm，袖窿底凹势2.2cm,画顺前袖窿底弧。

（18）前腰省尖距BP点2cm，距前中8.5cm，与下摆1/2处连直线，按腰省大2.8cm平分两边，下摆省作0.3~0.5cm，按后侧缝线相同方法画顺前侧缝。

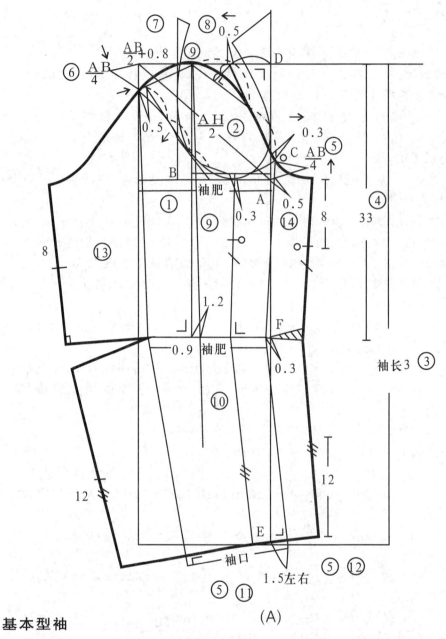

(A)

基本型袖

1.从前胸宽线上量取袖肥宽＝0.2胸－2cm＝16.4cm，作袖框架大。

2.在胸线与胸宽相交点作对角线设AH／2定出袖山高，作袖上平线。

3.由袖上平线下量袖长为58.5cm，得到袖口线。

4.由袖上平线下量袖肘长为0.2号＋1cm＝33cm。

5.设AB的1／4作前袖山线，由袖肥线往上量取。

6.设1／4AB为后袖山高，由袖上平线往下量取。

7.设1／2AB＋0.8cm作袖中线。

8.由袖中线至胸宽线的1／2偏移0.5cm与前袖山线连线。

150

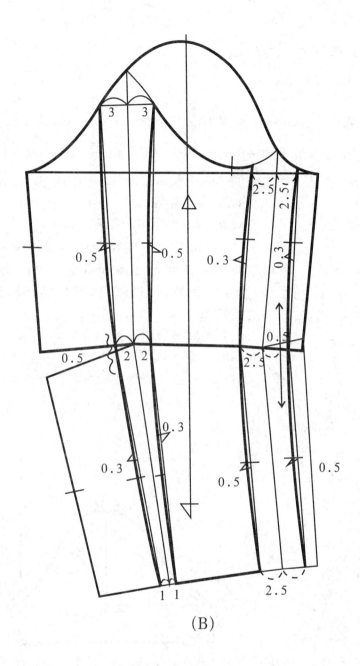

(B)

9.袖中线垂直袖肘线要往前偏移1.2cm，前袖口向前偏1.5cm左右。

10.袖肘宽设袖肥大=14.8cm。

11.量取袖口大等于12.8cm与袖肘宽连接。

12.按袖底缝造型反射前袖底缝线，从袖口边量12cm作记号点。

13.按袖底缝造型反射后袖底缝线，在袖肥线下量8cm作记号点。

14.反射前后袖底弧线造型。

15.两片袖底在独袖的基础上作造型分割。

二、横截式短袖套装

1. 选号型:160/84A。

2. 规格设计:

衣长 = 0.4 的号 − 4cm = 60cm,胸围 = 净胸围 + 10cm = 94cm,肩宽 = 净肩宽 + 1cm = 40.5cm,袖长 = 0.1 的号 + 7cm = 23cm,袖口 = $\frac{胸}{10}$ + 5.5cm = 15cm,腰围 = 净腰围 + 10cm = 78cm, 前腰节长 = 后背长 + 2.5cm = 40cm。

3. 制图要点:

(1) 此款以三围线分割,突出人体曲线造型,属较典型的 X 型,因此胸隆起的角度在 25°以上。

(2) 无领,不设劈门,前后横开领作 4 ~ 0.6cm 的差数。

(3) 袖窿 AH 值控制在 47 ~ 48cm 左右。袖山深与袖肥夹角 45°。

(4) 分割后,须用弧线划顺每块衣片结构图。

横截式短袖套装

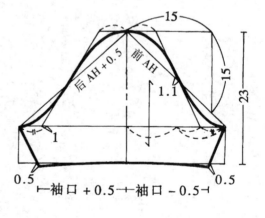

152

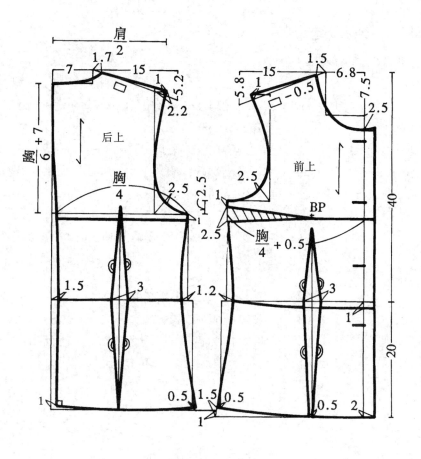

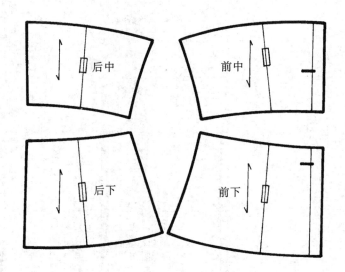

153

三、短袖外套、连衣裙套装

1. 选号型：160/84A。

2. 规格设计：

连衣裙长＝0.6的号－3cm＝93cm，胸围＝净胸围＋6cm＝90cm，腰围＝净腰围＋5cm＝73cm，臀围＝净臀围＋4cm＝94cm。

上衣长＝0.3的号＋8cm＝56cm，胸围＝净胸围＋10cm＝94cm，肩宽＝净肩宽＋1cm＝40.5cm，袖长＝0.1的号＋8cm＝24cm，袖口＝14.5cm，胸腰差16cm，领座高 a＝3cm，翻领宽 b＝3.5cm，驳宽6.5cm，驳高＝22cm。

3. 制图要点：

（1）连衣裙马夹袖的袖窿深应在基型袖深线基础上上抬 1cm，即取 $\dfrac{胸}{6}$＋5cm。

（2）背中装拉链。腰吸不能过大，以 1～1.2cm 为宜。

（3）前衣腋胸省可通过二次转省方法来打开缝子量。

（4）外套短袖为两片式，袖型较合身，所以在衣身上配更为合适，吃势一般在 2～2.2cm。

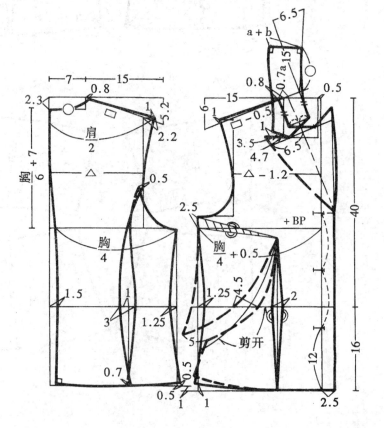

短袖外套、连衣裙套装

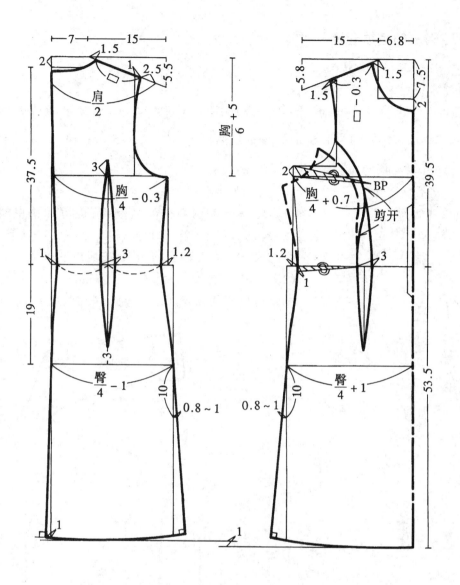

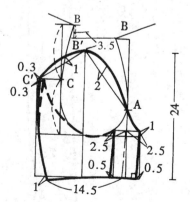

155

四、弯驳领短袖套装

1. 选号型:160/84A。

2. 规格设计:

衣长 = 0.4 的号 = 64cm,胸围 = 净胸围 + 8cm = 92cm,肩宽 = 净肩宽 + 1cm = 40.5cm,袖长 = 0.2 的号 − 8cm = 24cm,袖口 = $\frac{胸}{10}$ + 5.5cm = 14.5cm,腰围 = 净腰围 + 6cm = 74 厘米,前腰节长 = 40cm。

3. 制图要点:

(1) 此款可采用各种面料制作,也可加用里料。前衣公主线分割,以突出胸腰曲面体。为使后衣袖窿弧线达到平挺的要求,应注意后衣侧片分割线的丝缕。

(2) 高驳位衣领,劈门 0.5 ~ 0.8cm。

(3) 两片式短袖,可在衣身上配制,夹角控制在 43° 左右。

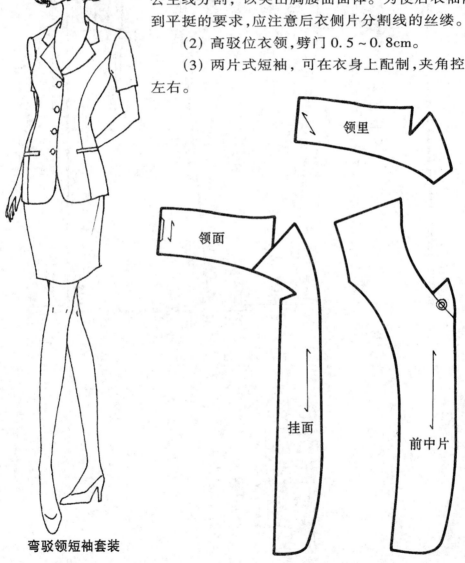

弯驳领短袖套装

156

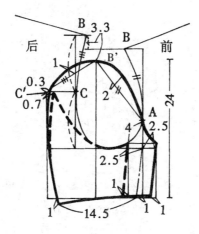

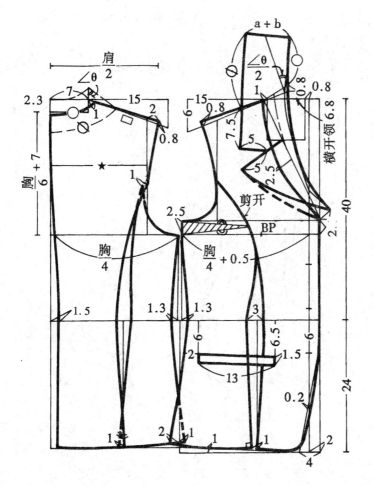

注:前胸宽 = ★ - 1.2

五、多褶裥丝道翻驳领外套

1. 选号型：160/84A。

2. 规格设计：

衣长 = 0.5 的号 + 5cm = 85cm，前腰节长 = 背长 + 3cm = 41cm，胸围 = 净胸围 + 12cm = 96cm，肩阔 = 净肩宽 + 1cm = 40.4cm，袖长 = 0.3 的号 + 6cm = 57cm，袖口 = $\frac{胸}{10}$ + 3 ~ 4cm = 12.6cm，领座高 a = 3cm，领面宽 b = 4.5cm。

3. 制图要点：

（1）前衣劈门 1cm，横开领打开 1cm。

（2）袖窿深 23cm，袖窿 AH 值约为 $\frac{胸}{2}$，为 48 ~ 50cm。

（3）胸围与腰围差 16cm，臀围与胸围差 2 ~ 4cm。

（4）袖山深与袖山斜线倾角 44°，为 15：145。

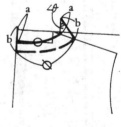

多褶裥丝道翻驳领外套

158

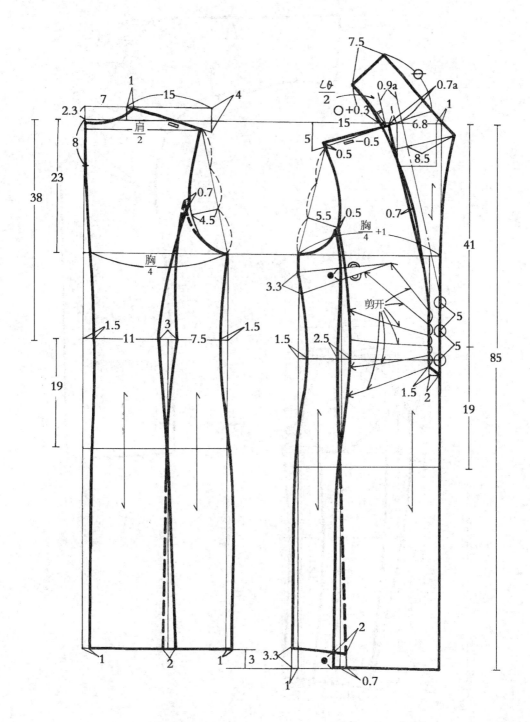

159

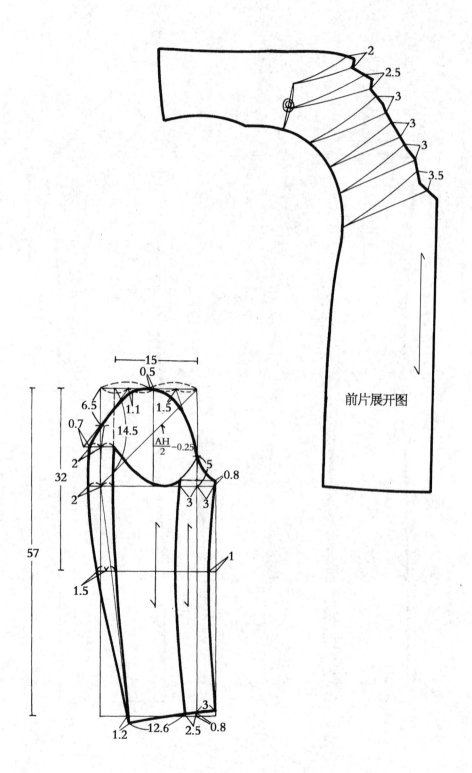

前片展开图

$$\frac{AH}{2}-0.25$$

160

六、二节背带连衣裙

1. 选号型:160/84A。

2. 规格设计:

前腰节长 = 背长 + 2.5cm(腋胸省量) = 40cm,胸围 = 净胸围 + 6cm = 90cm,裙长 = 基型裙长 − 3 ~ 5cm = 55cm,腰围 = 净腰围 + 4cm = 70cm,臀围 = 净臀围 + 4cm = 94cm,臀高线 19cm。

3. 制图要点:

(1) 胸线在基型胸线基础上上抬 1cm。

(2) 前后胸背宽按基型框架进 2 ~ 2.5cm。

(3) 前衣袖窿弧收胸省 1.2cm,使 BP 点隆起角度为 35 ~ 30°。

(4) 后衣截断,收去 1.5cm 横省,平衡前后衣裙差。

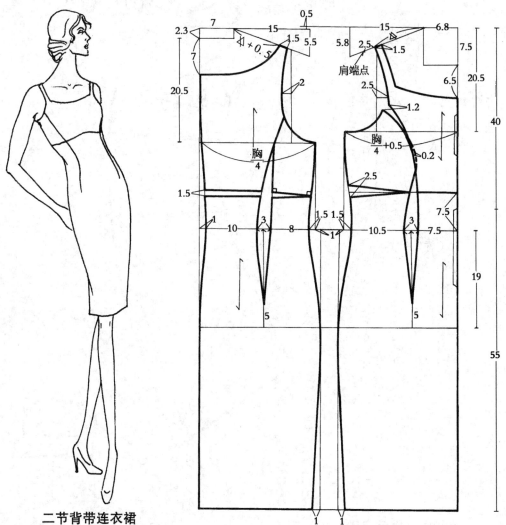

二节背带连衣裙

161

七、A型摆马甲连衣裙

1.选号型：160/84。

2.规格设计：

衣长＝88cm，胸围＝净胸围＋6cm＝90cm，肩宽＝0.3胸＋7cm＝34cm，肩宽＝0.3胸＋7cm＝34cm，臀围＝胸围＋4cm＝94cm。

3.制图要点：

（1）用卡其棉布料制衣。

（2）可采用合身型结构框架。

（3）前衣片为偏襟止口线，并且左右呈不对称造型。

（4）右前片的下端经纬基本成直线，褶裥应作切割展开往上转动。

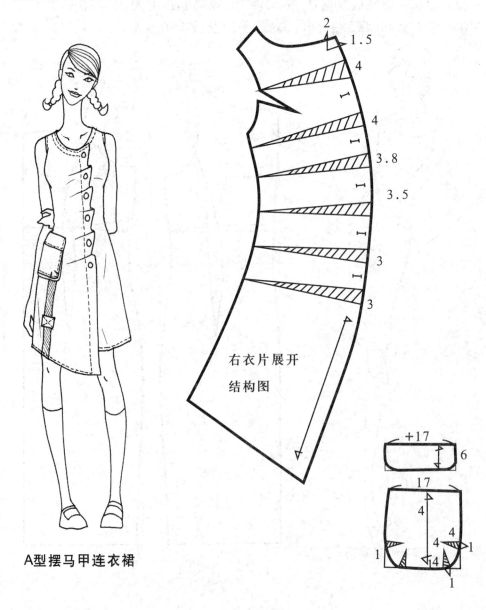

右衣片展开
结构图

A型摆马甲连衣裙

162

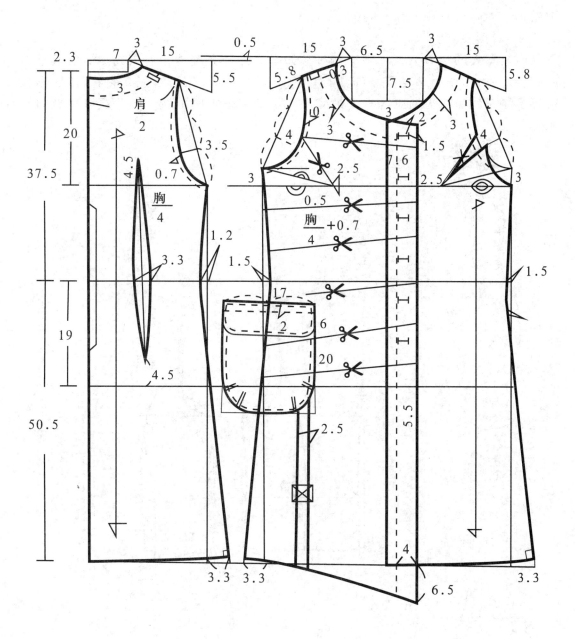

八、西装马夹

1. 选号型:160/84A。

2. 规格设计:

衣长＝0.3的号＋8cm＝56cm,腰围＝净胸围＋8～10cm＝92～94cm,   胸腰围差18～16cm,前腰节长＝41cm。

3. 制图要点:

西装马夹的穿着方式一般有两种,如果作为外套穿着,那么胸围加放值应参照套装加放,而作为贴身穿着的,胸围宜加放6～8cm。但不管怎么穿着,袖窿底弧线都不能太浅,理想的应与外套袖窿底线错开来确定胸围线。腰节线可适当加长1cm。

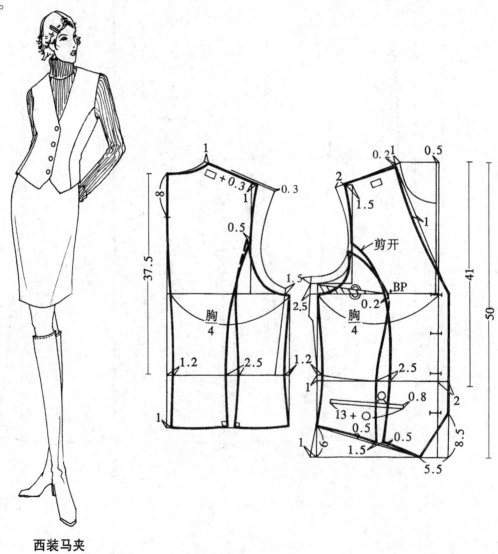

西装马夹

九、休闲马夹

1. 选号型：160/84A、B。
2. 规格设计：

衣长 = 0.3 的号 + 4cm = 52cm，胸围 = 净胸围 + 12cm = 96cm。

3. 制图要点：

按基型框架修正制图。通底省的马夹袖肩端点一般要移进 3cm 左右，后肩斜角度调整为 20°，两侧腰吸量不宜大。

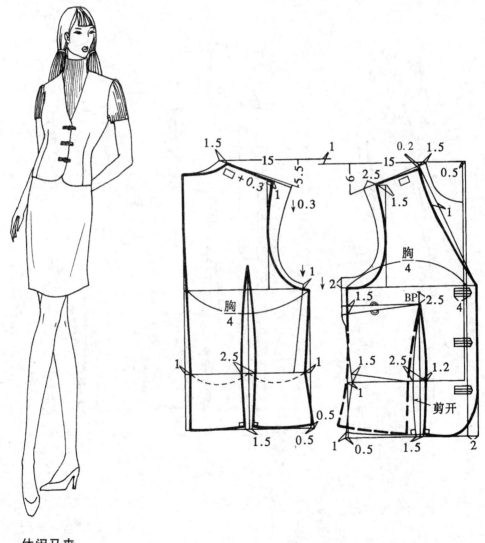

休闲马夹

十、无袖公主衬衫

1.选号型：160/84A。

2.规格设计：

衣长＝0.3号+6cm＝54cm,胸围＝净胸围+6cm＝88cm,肩宽
＝0.3胸+8cm＝34.4cm。

3.制图要点：

（1）选用较合身型衣结构框架。

（2）立翻领不易把肩角度做大。

（3）前衣片上花边用本色衣料。

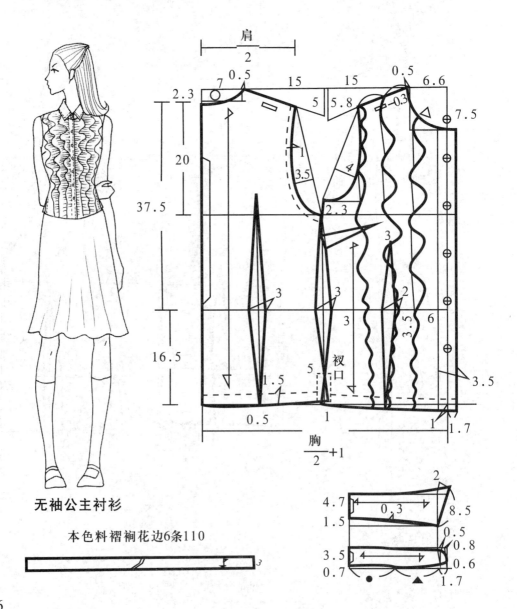

无袖公主衬衫

本色料褶裥花边6条110

十一、牛仔茄克

1.选号型：160/84A。

2.规格设计：

衣长=56cm，胸围=92cm，肩宽=39cm，袖长=58.5cm，袖口=12.8cm,腰围=75cm，臀围=97cm。

3.制图步骤：

（1）按合身型工业纸样作框架，减去衣长多余长度。

（2）作款式内结构分割造型后再作省的关闭转换处理。

（3）此衣领是衬衫领，为竖翻领穿着，故上翻领角度可以适当减小1~2度。

（4）衣袖为独片袖，假设一个直袖肘省再作分割线省份处理。

（5）此款选用牛仔衣料或水洗面料制作，结构图需放出直横向缩率样板。

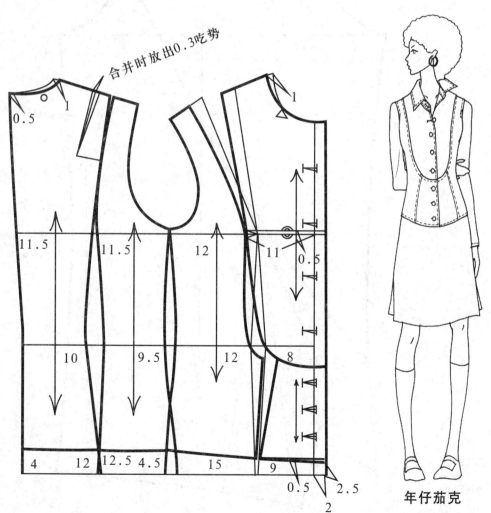

年仔茄克

167

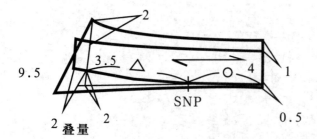

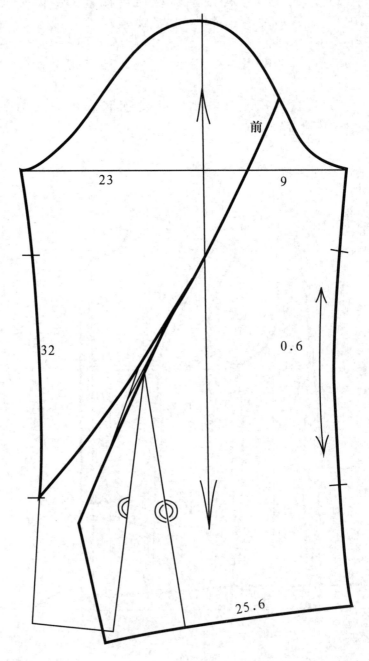

加放牛仔面料缩率

（设面料缩率：直缩 4%，横缩 10%）

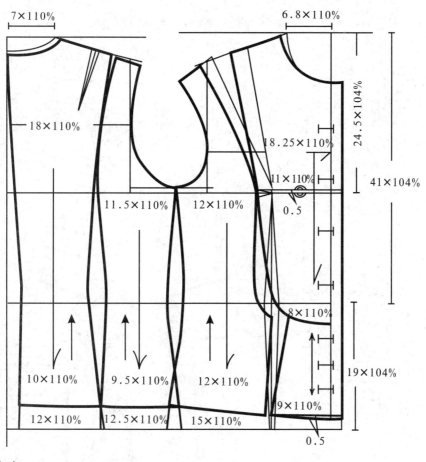

7×110%　　　　　　　　6.8×110%

18×110%

24.5×104%

18.25×110%

11×110%

0.5

41×104%

11.5×110%　　12×110%

8×110%

10×110%　9.5×110%　12×110%

19×104%

9×110%

12×110%　12.5×110%　15×110%

0.5

9.5×110%

△×104%　　○×104%

5.5×110%

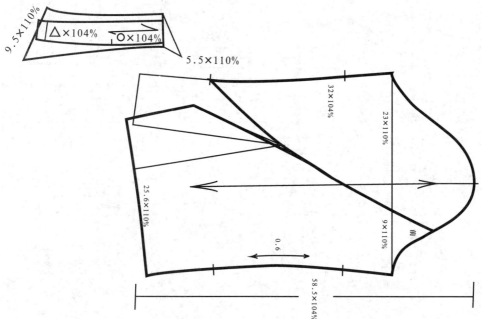

32×104%

23×110%

25.6×110%

9×110%

前

0.6

58.5×104%

十二、牛仔背心、直统裤套装

1. 选号型：160/84(背心)，160/66A(裤)。

2. 规格设计：

衣长＝40cm，胸围＝净胸围＋8cm＝92cm，肩宽＝0.3胸＋7.5cm＝35cm，领围＝0.2胸＋18.5cm＝37cm，裤长 ＝0.6号＝96cm， 直裆＝22cm， 腰围＝净腰围＋6cm＝72cm，臀 围＝净臀围＋4cm＝92cm，裤口＝0.2臀＋5cm＝24cm。

3. 制图要点：

(1) 前后衣片均有育克分割，遇缝作省故在前后肩角度作了调节。

(2) 前衣口袋用缉线表示造型。

(3) 裤子为上紧下宽直统裤造型。

(4) 裤笼门宽可设 $\frac{1.4}{10}$ 臀。

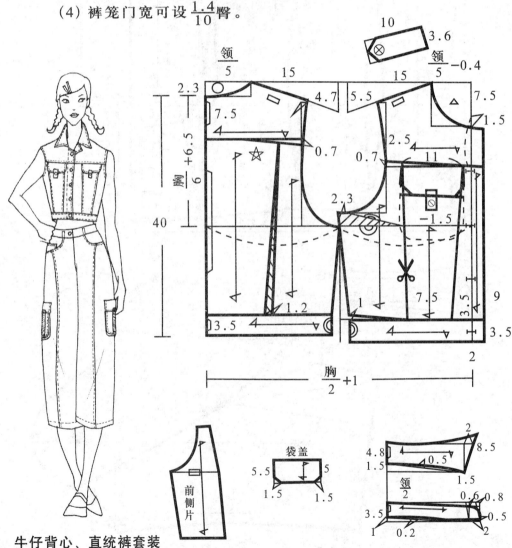

牛仔背心、直统裤套装

170

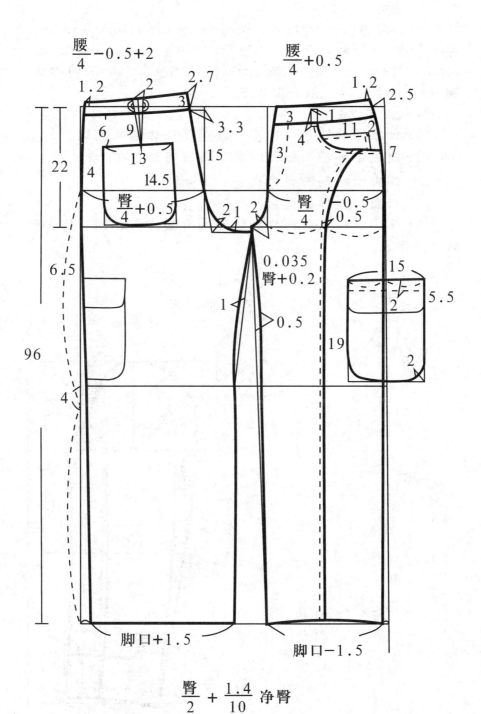

$$\dfrac{腰}{4}-0.5+2$$

$$\dfrac{腰}{4}+0.5$$

1.2   2   2.7

1.2   2.5

3

6   9

3.3

3   1

11   2

4

3

7

22

13

15

4

14.5

$$\dfrac{臀}{4}+0.5$$

$$\dfrac{臀}{4}$$

2 1 2

$$\dfrac{臀}{4}-0.5$$

0.5

6.5

0.035
臀+0.2

1

0.5

15

2

5.5

19

2

96

4

脚口+1.5

脚口-1.5

$$\dfrac{臀}{2}+\dfrac{1.4}{10}净臀$$

十三、牛仔休闲套装

1．选号型：160/84A。

2．规格设计：

衣长＝0.4号－8cm＝58cm，胸围＝净胸围＋4cm＝88cm，肩宽＝0.3胸＋10cm＝37.4cm，袖肥＝0.2胸－1cm＝16.5，袖长＝0.3号＋9cm＝57cm，腰围＝胸围－18cm＝70cm，臀围＝胸围＋4cm＝92cm，袖山深＝15cm。

3．制图要点：

（1）此款为贴体紧身衣着，故选用贴体结构框架。

（2）高驳位平驳西服领的翻领角度可设21~22度。

（3）弹力面料袖吃势可设1~1.5cm较好。

（4）口袋为立体造型。

（5）作完纸样板后再作含缩率的排裁样板，缩率按面料测试为准。

牛仔休闲套装

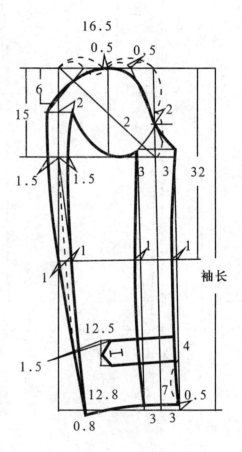

172

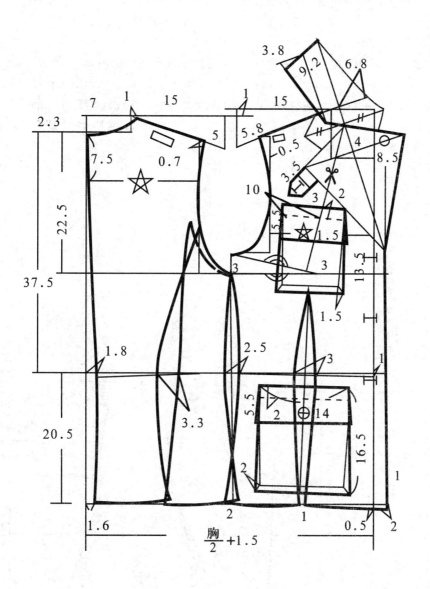

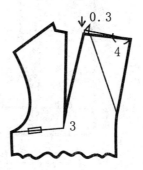

十四、牛仔茄克套装

1.选号型:160/82A(上衣),160/66A(裙)。

2.规格设计:

衣长＝0.3号+6cm＝54cm，胸围＝净胸围+6cm＝88cm，肩宽＝0.3胸+10cm＝36.4cm，袖长＝0.3胸+9cm＝57cm，袖口＝0.1胸+4cm＝12.8cm，腰围＝胸围－16cm＝72cm,袖肥宽＝ 0.2胸－1.2cm＝16.4cm,裙长＝36cm,腰围＝按基型变化,臀围＝91cm。

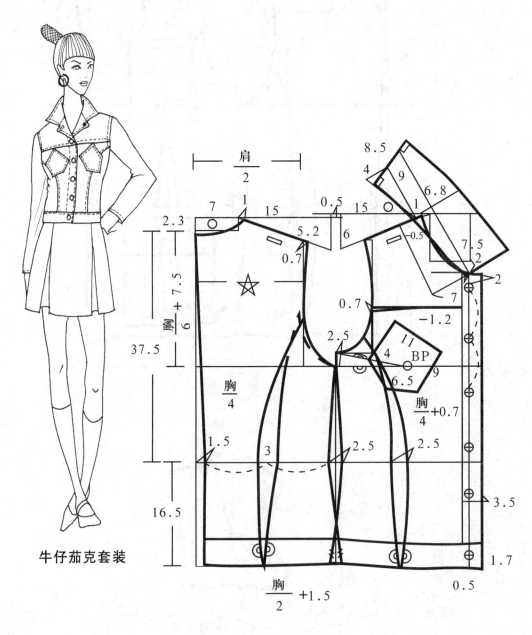

牛仔茄克套装

174

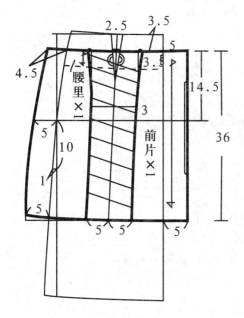

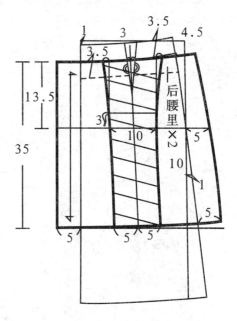

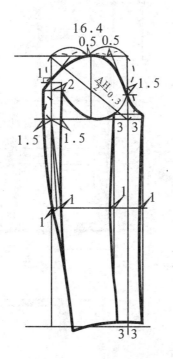

十五、束腰牛仔茄克衫

1. 选号型：160/84A。
2. 规格设计：

衣长＝0.3号＋6cm＝54cm，胸围＝净胸围＋10cm＝92cm，肩宽＝0.3胸＋10cm＝37.6cm，袖长＝0.3胸＋9cm＝57cm，袖口＝12cm。

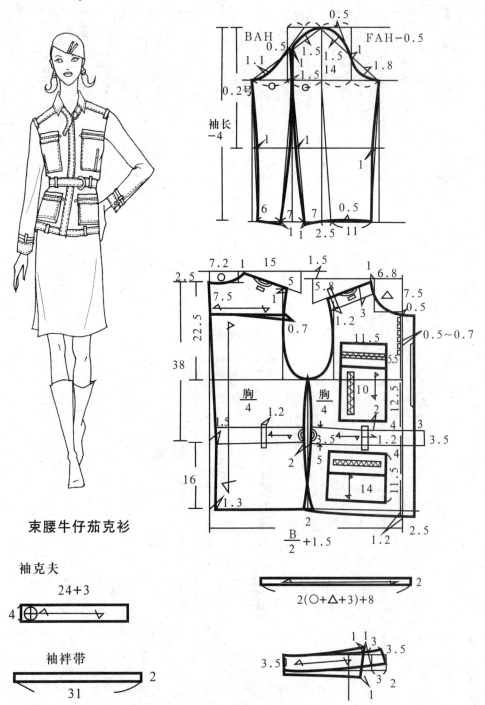

束腰牛仔茄克衫

袖克夫

24＋3

袖袢带

31

十六、高缺嘴口领西服

1.选号型：160/84A。

2.规格设计：

衣长=55.5cm，胸围=92cm，肩宽=39cm,袖长=58cm，袖口=12.8cm,腰围=75cm，臀围=97cm。

3.制图步骤：

（1）按合身型工业纸样作框架，减去衣长多余长度。

（2）按款式造型关闭胸省，展开前后腰节省线。

（3）高缺嘴口西服领，可假设前直开领深至3～4cm与缺嘴口连成直线。

（4）挂面与领面重新设置领串造型口线，使衣领翻领角度到位，折翻线圆顺。

（5）前领贴一部分应与后领贴拼接在一起制板。

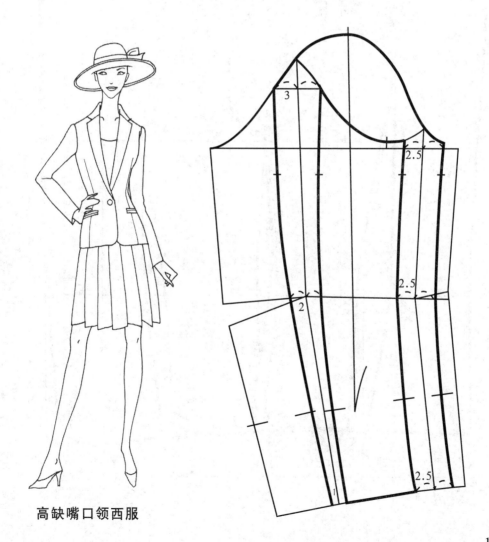

高缺嘴口领西服

177

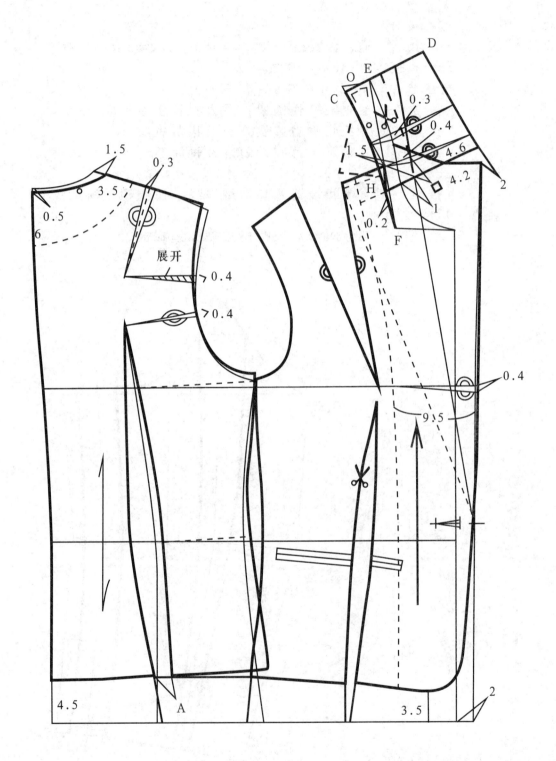

1.5

0.3

3.5

0.5

6

展开

>0.4

>0.4

D

E

O

C

0.3

0.4

4.6

1.5

4.2

2

H

1

0.2

F

0.4

9.5

4.5

A

3.5

2

高缺嘴口西服领

（裁片图）

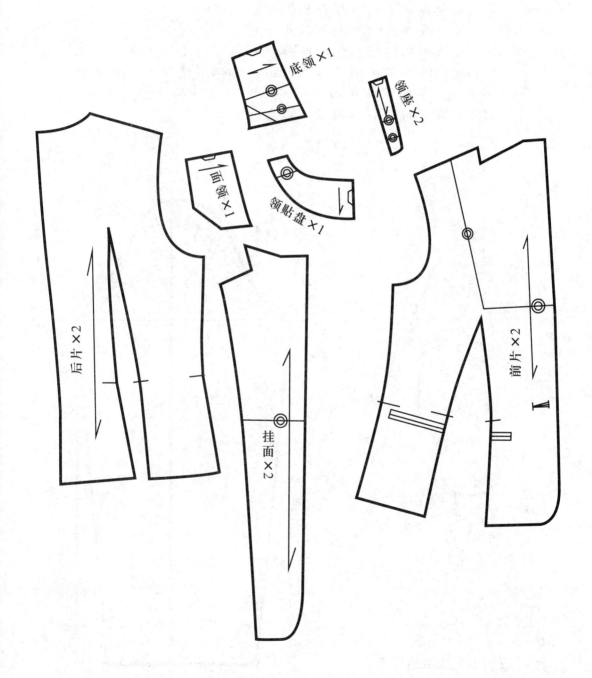

底领×1

领座×2

面领×1

领贴盘×1

后片×2

挂面×2

前片×2

十七、三开身针织绒袖风衣

1.选号型：160／84A。

2.规格设计：

衣长＝90cm，胸围＝94cm,肩宽＝38.5cm， 袖长＝60cm，
袖口＝10cm，腰围＝80cm， 臀围＝99cm，袖肥＝14.5cm。

3.制图要点：

（1）按合身型工业纸样在正侧缝扩大10cm。

（2）按三开身方法重新作款式分割造型。

（3）此款为双排扣驳位，松身型西装领可不作前劈门。

（4）此款的袖子选用毛线绒针织料，伸缩性较大，故袖肥
可缩小2cm，袖山深倾角可作45～46度， 袖结构吃势为负值。

（5）束腰带的直插口袋位可适当向下3cm。

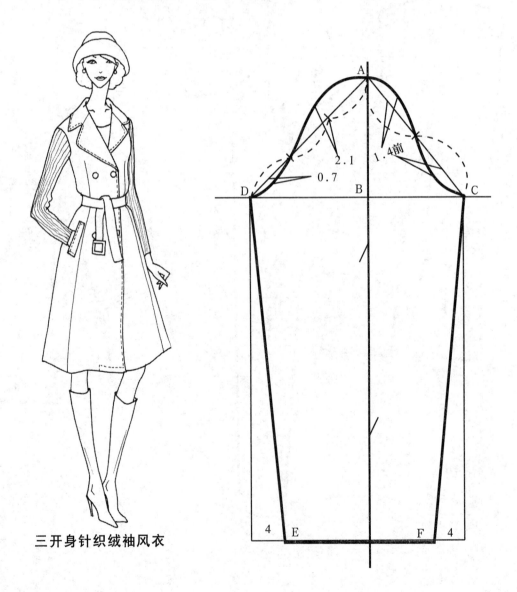

三开身针织绒袖风衣

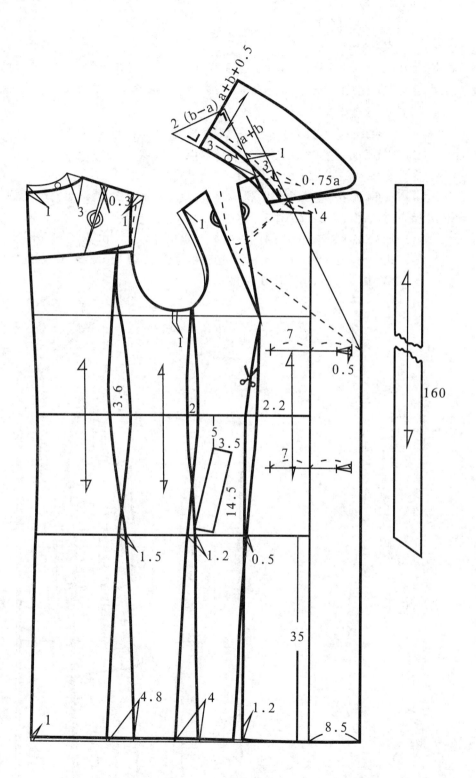

十八、育克中长风衣

1．选号型：160/84A。

2．规格设计：

衣长＝90cm，胸围＝94cm，肩宽＝40cm,袖长＝58.5cm，袖口＝13cm，腰围＝80cm，臀围＝99cm，袖肥＝16.8cm。

3．制图步骤：

（1）按合身型工业纸样在正侧缝放出1cm,袖笼下降0.5cm。

（2）依款式造型作出内结构分割线。

（3）前中减去0.5cm拉链止口宽度。

（4）衣领先按折翻领制图，然后再在领脚缝缉线上作领翻线伏倒缩折量0.7~0.9cm。

（5）袖中心线平移放出0.3cm，袖口放0.2cm宽度即可。

（6）此款领和袖口都为双层造型，里层选用绒线针织面料制作，故要缩短20%左右的长度。

育克中长风衣

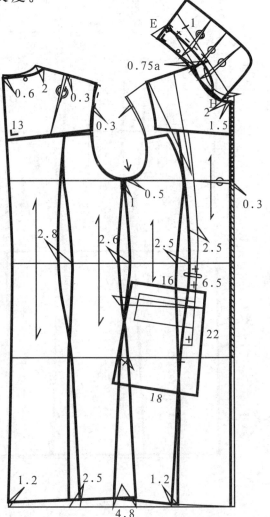

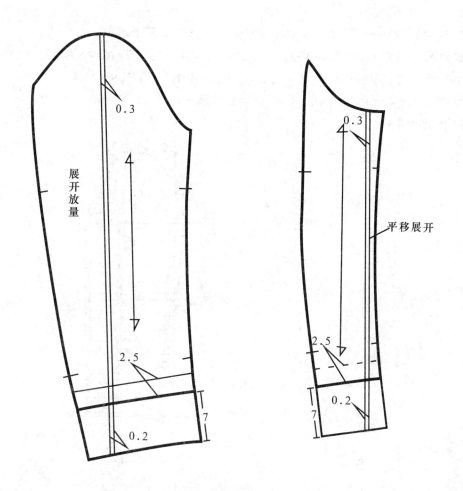

展
开
放
量

0.3

0.3

平移展开

2.5

2.5

0.2

0.2

7

7

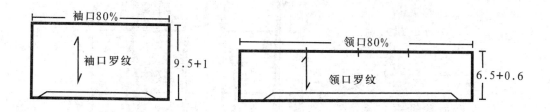

袖口80%

袖口罗纹

9.5+1

领口80%

领口罗纹

6.5+0.6

十九、荷叶驳领短上装

1．选号型：160／84A。

2．规格设计：

衣长＝0.3号＋6cm＝54cm，胸围＝净胸围＋8cm＝92cm，肩宽＝0.3胸围＋10cm＝37.6cm，袖长＝0.3号＋9cm＝57cm，袖口＝0.1胸围＋4cm＝13.2cm，腰围＝胸围－18cm＝74cm，臀围＝胸＋4cm＝96cm，袖肥宽＝0.2胸－1.5cm＝16.6cm，袖斜角度＝43度。

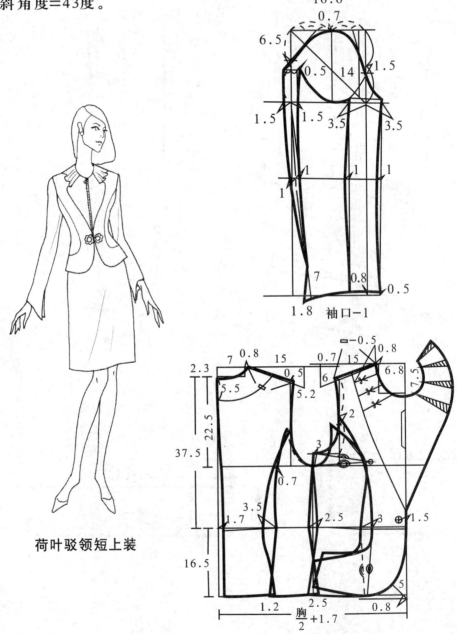

荷叶驳领短上装

184

二十、高腰节凹驳领套装

1.选号型:160/84A。

2.规格设计:

衣长=40cm, 胸围=净胸围+6cm=90cm,肩宽= 0.3胸围+
11cm=38cm, 袖长= 0.3号+9cm=57cm,袖口=0.1胸围+
3.5cm=12.5cm,腰围=胸围-17cm=73cm,袖肥宽=0.2B-
1.5cm=16.5cm,袖斜角度=42度。

高腰节凹驳领套装

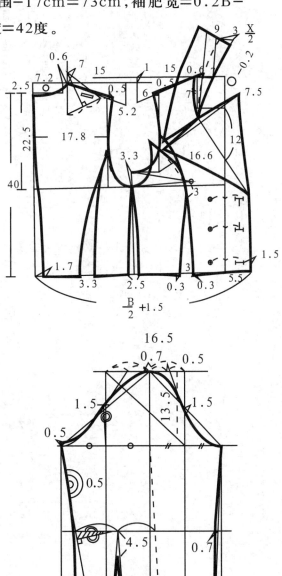

二十一、半连身袖秋冬套装

1. 选号型:160/84A。

2. 规格设计:

衣长 = 0.4 的号 + 3cm = 57cm,胸围 = 净胸围 + 14cm = 98cm,肩宽 = 净肩宽 + 1.5cm = 41cm,袖长 = 0.3 的号 + 8cm = 56cm,袖口 = $\frac{胸}{10}$ + 4cm = 13.5cm,前腰节长 = 后背长 + 2cm = 39.5cm,胸腰围差 16cm。

3. 制图要点:

（1）此款半连身袖属于合身型袖,袖中心线夹角取 48 ~ 50°,袖口深取法按前第五章连身袖制图法,前后身公主线分割曲线不宜太拱,袖底缝合拢呈西式袖片状。

（2）卷领左片锁右片,因此制图时应放出叠量 2cm。

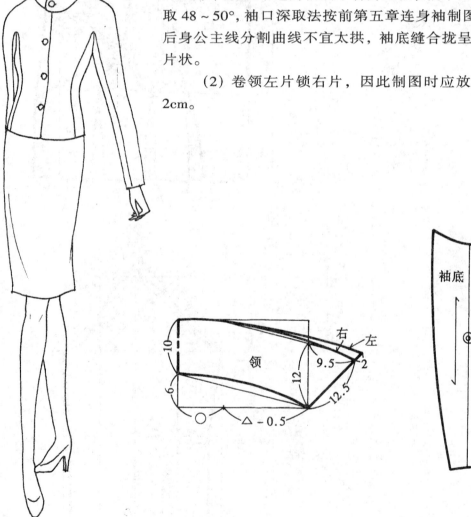

半连身袖秋冬套装

186

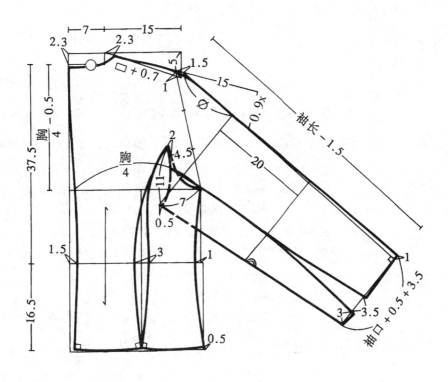

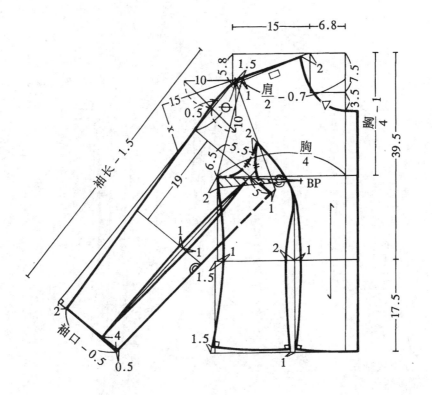

187

二十二、六片分割双排扣弯驳领短上衣

1. 选号型:165/86Y。

2. 规格设计:

衣长 = 0.4 的号 – 4cm = 62cm,胸围 = 净胸围 + 10cm = 96cm,肩宽 = 净肩宽 +

1cm = 41.5cm,袖长 = 0.3 的号 + 8.5cm = 58cm,袖口 = $\frac{胸}{10}$ + 3.5cm = 13cm,胸腰

围差20cm,臀围 = 净臀围 + 12cm = 98cm,前腰节长 = 后背长 + 3.5cm = 42cm,领座

a = 3cm,翻领 b = 5cm。

3. 制图要点:

(1) 此款式呈典型 X 型,吸腰大。由于分割线少,因此将腰节线略下落使射线角度增大。

(2) 双排扣弯驳领,前衣作1cm劈门,领底圆弧弯势要大,领座不宜高,与领面的差数也不宜大,翻折线弧长与领底线弧长差数越小,越能圆顺。

(3) 袖子两片式,在衣身上配制,对格较有把握,吃势控制在 2 ~ 2.5cm。

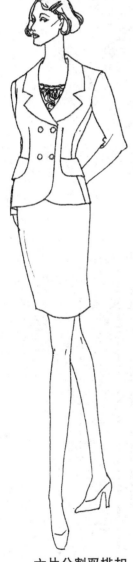

六片分割双排扣
弯驳领短上衣

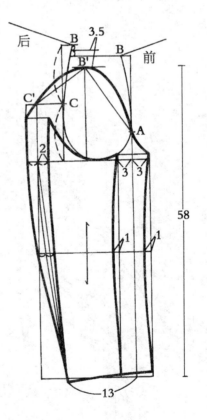

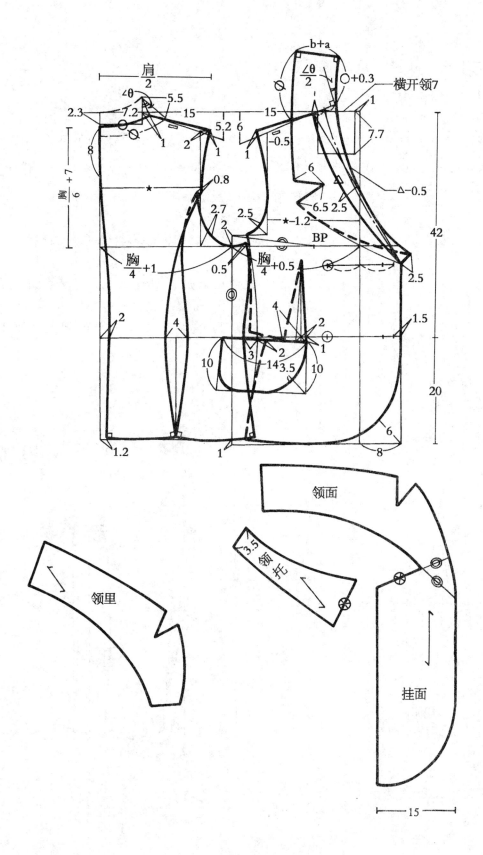

领面

领里

3.5 领托

挂面

├─── 15 ───┤

189

二十三、双排扣折线驳领套装

1. 选号型:160/84A。

2. 规格设计:

衣长 = 0.4 的号 − 4cm = 60cm,胸围 = 净胸围 + 12cm = 96cm,肩宽 = 净肩宽 +

1cm = 40.5cm,袖长 = 0.3 的号 + 8.5cm = 56.5cm,袖口 = $\dfrac{胸}{10}$ + 3.5cm = 13cm,胸

腰围差16cm,领座高 a = 2.5cm,翻领宽 b = 5.5cm。

3. 制图要点:

(1) 此款分割线以上下两口袋为造型线,折线为主题。

(2) 衣领可看成是两个部分,即上翻折领和下驳领的组合,领子造型也是折线型。

(3) 袖子为合身型,袖山深与袖肥夹角取 43 ~ 45°(即 15∶14.5)。

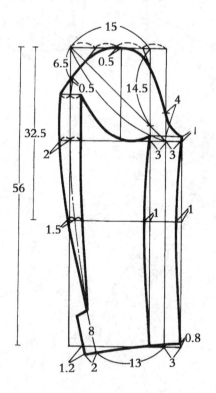

双排扣折线驳领套装

190

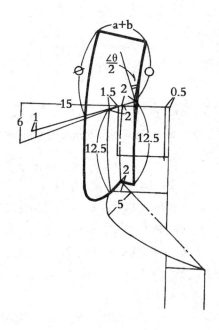

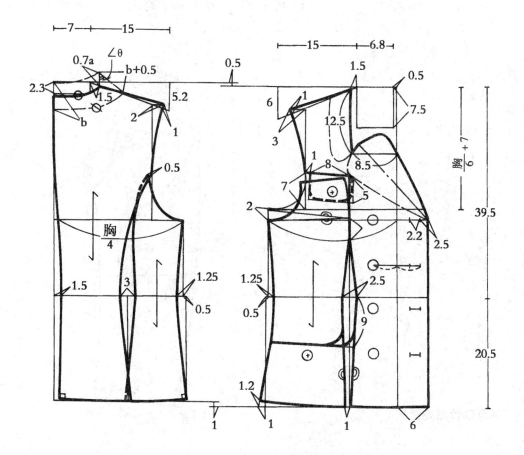

二十四、连登领公主线套装

1. 选号型:160/84A、B。

2. 规格设计:

衣长 = 0.4 的号 + 1cm = 65cm,胸围 = 净胸围 + 10cm = 94cm,肩宽 = 净肩宽 + 15cm = 41cm,袖长 = 0.3 的号 + 8.5cm = 56.5cm,袖口 = $\frac{胸}{10}$ + 3.5cm = 12.8cm,胸腰围差 14 ~ 16cm。

3. 制图要点:

(1) 前领口有 V 字形缺口。要注意公主线领分割处需往外劈出 1cm,后衣领分割线两边分别劈出 0.3cm 和 0.5cm(见前侧片图和后中、后侧图)。

(2) 后肩缝保留 0.3cm 的吃势,因此转换肩省 1.2cm 即可。

(3) 作领背省时,后中腰吸不宜太大。

(4) 冲肩合身型衣袖,袖山深与袖肥夹角可取 45°。

连登领公主线套装

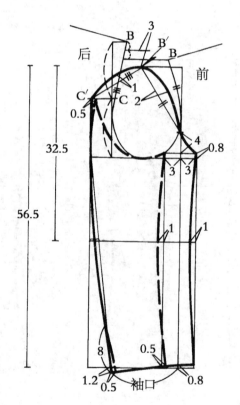

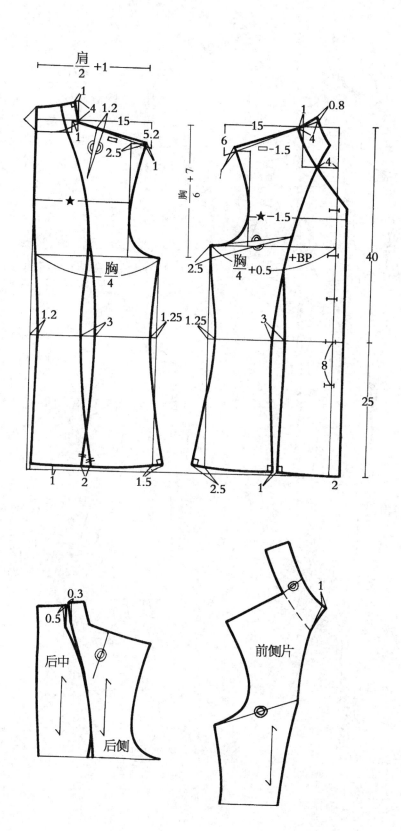

$\dfrac{肩}{2}+1$

1
4 1.2
15
1
5.2
2.5
1

0.8
15
6
1
4
□ −1.5
4

$\dfrac{胸}{6}+7$

★ −1.5

★

$\dfrac{胸}{4}$

$\dfrac{胸}{4}+0.5$

+BP

2.5

40

1.2
3
1.25 1.25
3

8

25

1
2
1.5
2.5
1
2

0.3
0.5
后中
后侧

前侧片

1

193

二十五、披肩领外套

1. 选号型：160/84A。

2. 规格设计：

衣长 = 0.5 的号 + 6cm = 86cm，胸围 = 净胸围 + 10～12cm = 94～96cm，肩宽 = 净肩宽 - 0.5cm = 39cm，袖长 = 0.3 的号 + 6cm = 57cm，袖口 = $\dfrac{胸}{10}$ + 3～4cm ≈ 12.5cm。

3. 制图要点：

（1）胸线在基型线基础上加 1.5cm，为 23cm。

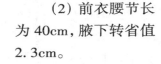

（2）前衣腰节长为 40cm，腋下转省值 2.3cm。

（3）胸围腰围差 16cm，臀围胸围差 2～4cm。

（4）肩缝留 1cm 小肩量。

（5）袖山深与袖斜线夹角为 44°，即 15: 14.5，无垫肩。

（6）披肩领按坍肩领与连肩袖制图方法设计。

披肩领外套

194

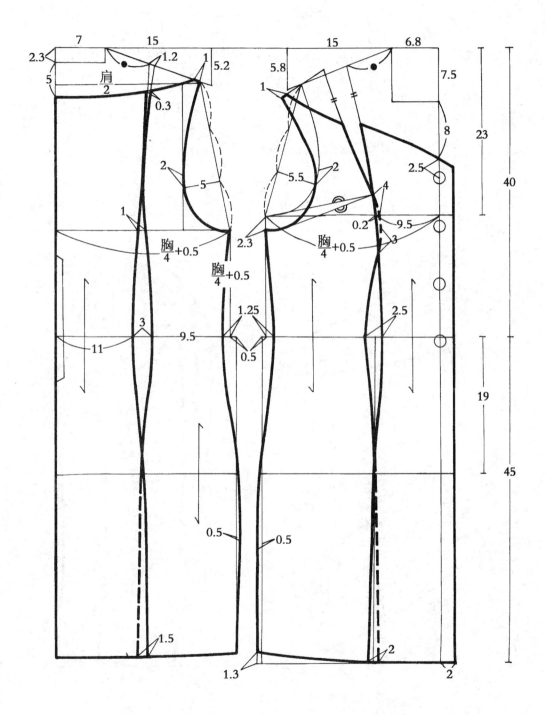

195

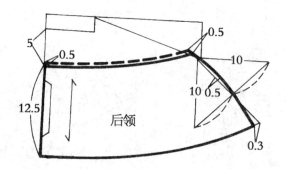

后领

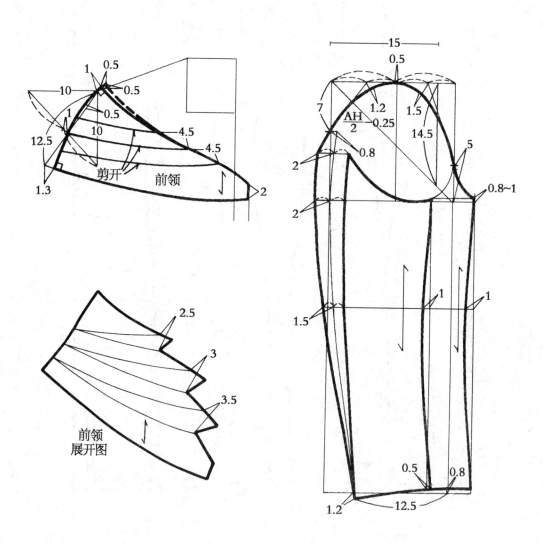

前领

剪开

前领
展开图

第三节　较宽松型和宽松型女装

此类款式衣身和袖身较宽松，胸高的隆起不很突出，可将腋胸省的 $\frac{1}{3}$ x 值转换为劈门值，余下的 $\frac{2}{3}$ x 值，一半起翘，一半隐在前袖窿弧里。后衣的上平线一般高出前衣上平线 1～1.5cm，但后衣袖窿弧长大于或等于前袖窿弧长。袖窿深线可按 $\frac{胸}{4}$ ±x 确定，AH 值为 $\frac{胸}{2}$ +2～4cm。

抽褶开衩套头衬衫、喇叭裤套装

一、抽褶开衩套头衬衫、喇叭裤套装

1. 选号型：上装 165/86A，下装 165/68A。
2. 规格设计：

衣长 = 0.4 的号 + 8cm = 74cm，胸围 = 净胸围 + 14cm = 100cm，肩宽 = 净肩宽 = 40cm，袖长 = 0.3 的号 + 9cm = 58.5cm，前腰节 = 后背长 + 3cm = 41cm。

裤长 = 0.6 的号 = 99cm，直裆 = 基型裤直裆 – 3cm = 25cm，腰围 = 净腰围 + 6cm = 74cm，臀围 = 净臀围 + 4cm = 94cm。

3. 制图要点：

（1）按插肩袖的方法划出衣身与袖身。将腋下省转入肩缝省，这样就打开了横开领，保证了抽褶量。

（2）袖子按泡泡袖打样方法，剪开袖肥线与袖中线，增加袖上口线的抽褶量，前后袖片方法相同。

（3）后衣身可在后中线偏出 3～4cm 的量来完成款式的抽褶量。

（4）袖山深可按前衣袖窿深减去 4cm 来定量。前后袖山深相等。

（5）前胸围略小于后胸围 1cm，前后袖肥差 3cm。

（6）领圈作 1.5cm 宽的绲边，内穿松紧带收缩。

（7）袖口穿细绳扎结。

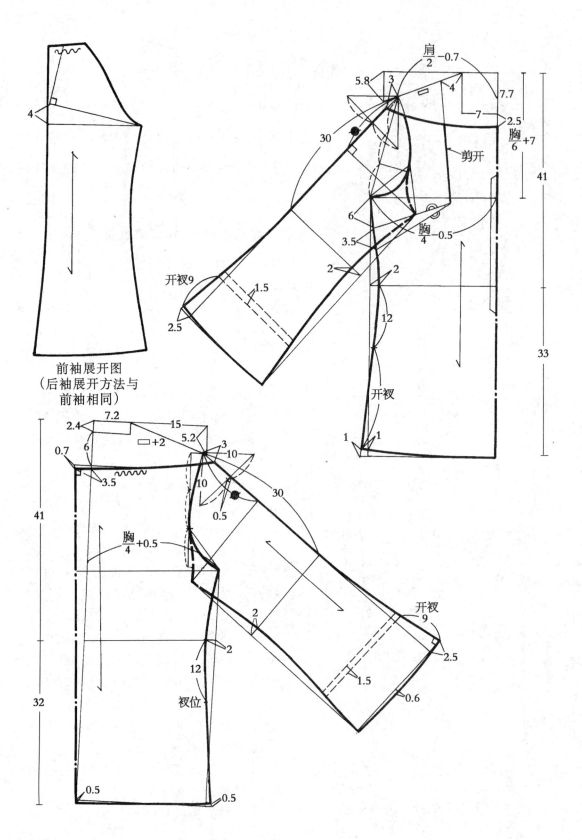

前袖展开图
（后袖展开方法与
前袖相同）

198

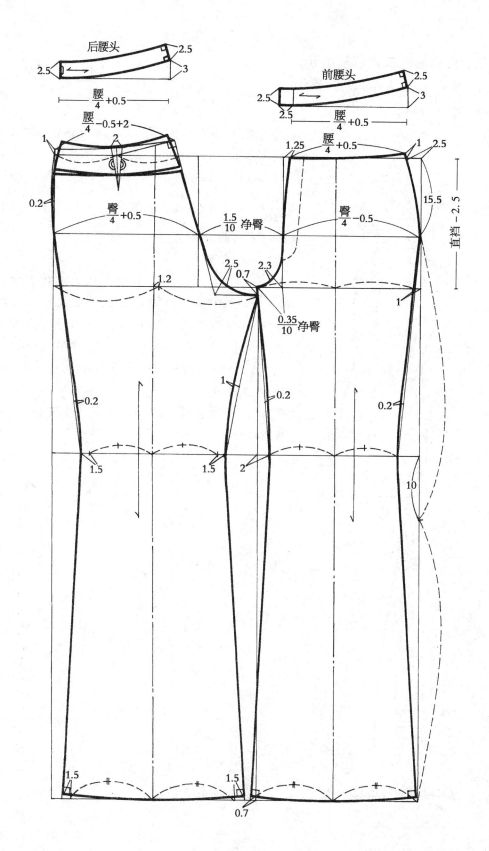

后腰头

2.5

2.5

3

$\dfrac{腰}{4}+0.5$

前腰头

2.5

2.5

2.5

3

$\dfrac{腰}{4}+0.5$

$\dfrac{腰}{4}-0.5+2$

1

2

1.25

$\dfrac{腰}{4}+0.5$

1

2.5

0.2

$\dfrac{臀}{4}+0.5$

$\dfrac{1.5}{10}$净臀

$\dfrac{臀}{4}-0.5$

15.5

直裆−2.5

1.2

2.5

0.7

2.3

$\dfrac{0.35}{10}$净臀

1

1

0.2

1

0.2

0.2

1.5

1.5

2

10

1.5

1.5

0.7

199

二、插肩袖连衣登领秋冬装

1. 选号型：165/88A。
2. 规格设计：

衣长 = 0.5 的号 − 4cm = 78cm，胸围 = 净胸围 + 14cm = 102cm，肩宽 = 净肩宽 + 1.5cm = 42cm，袖长 = 0.3 的号 + 9cm = 58.5cm，袖口 = $\frac{胸}{10}$ + 4cm = 14cm，前腰节长 = 后背长 + 2cm = 40.5cm，胸腰围差 12cm。

3. 制图要点：

（1）六片分割，衣身偏长，因此下摆设开衩，每个开衩部位须有较大的交叉量，以满足人体活动需要和造型效果。纽扣位不宜太下。腋下胸省的一部分量转入口袋腰节省位。

（2）袖口开衩，袖贴边的袖底缝取消，前后袖贴边拼成一片。

（3）为了使领口较合颈，领转动合颈量在 8～9°。

插肩袖连衣登领秋冬装

200

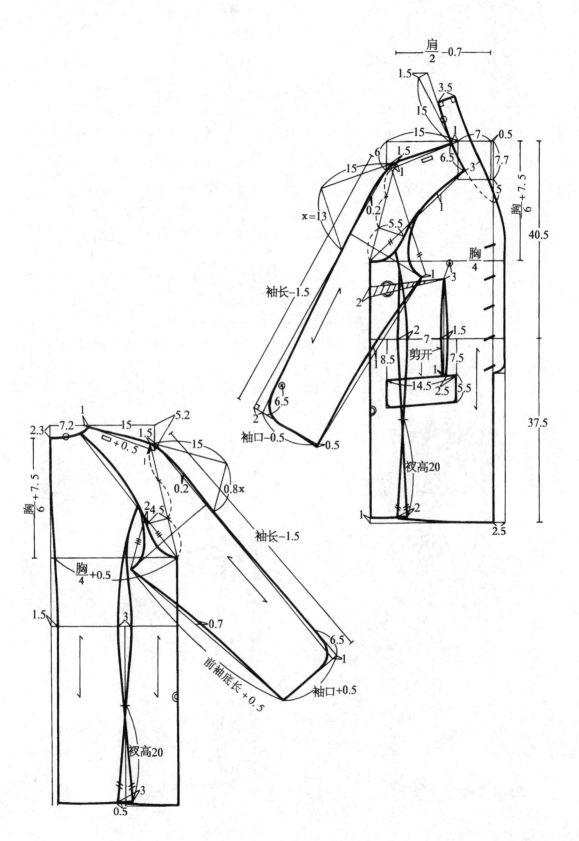

肩/2 −0.7

1.5
3.5
15
15
0.5
6
1.5
6.5
7.7
15
1.5
3
5
x=13
0.2
5.5
胸/4
袖长−1.5
1
3
2
2
7
1.5
8.5
剪开
7.5
−14.5
2.5
5.5
6.5
2
袖口−0.5
0.5
衩高20
2
胸/6+7.5
40.5
37.5
2.5

2.3
7.2
1
15
1.5
5.2
+0.5
1
15
胸/6+7.5
0.2
0.8x
24.5
袖长−1.5
胸/4+0.5
1.5
3
0.7
6.5
1
前袖底长+0.5
袖口+0.5
衩高20
3
0.5

201

三、双排扣拿破仑领时装

1. 选号型:160/84A。

2. 规格设计:

衣长 = 0.4 的号 + 14cm = 78cm, 胸围 = 净胸围 + 14cm = 98cm, 肩宽 = 净肩宽 = 39.5cm, 袖长 = 0.3 的号 + 9cm = 57cm, 袖口 = $\frac{胸}{10}$ + 3 ~ 4cm = 13cm, 胸腰围差 16cm, 前腰节长 = 后背长 + 2cm = 40cm, 领座高 a = 3cm, 翻领宽 b = 6cm。

3. 制图要点:

(1) 此款为加长 A 型时装,后衣片下摆交叉量略大于前衣片。

(2) 拿破仑竖领的登起量较倾斜,因此前衣劈门较大,为 1cm,横开领打开 1.5cm,领腰线呈较合颈状态,颈侧倾斜角度量 18°,前中领起翘 3cm,翻领的后中翘势量为领脚凹势量的两倍。前翻领宽须从翻折线量至外止口线。

(3) 冲肩圆装袖,袖山深与袖肥夹角取 45° (即 15:15)。

双排扣拿破仑领时装

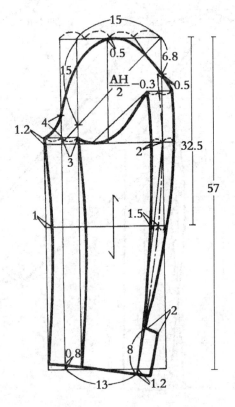

202

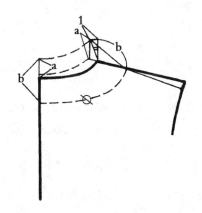

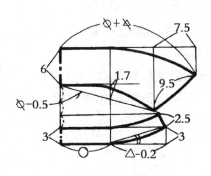

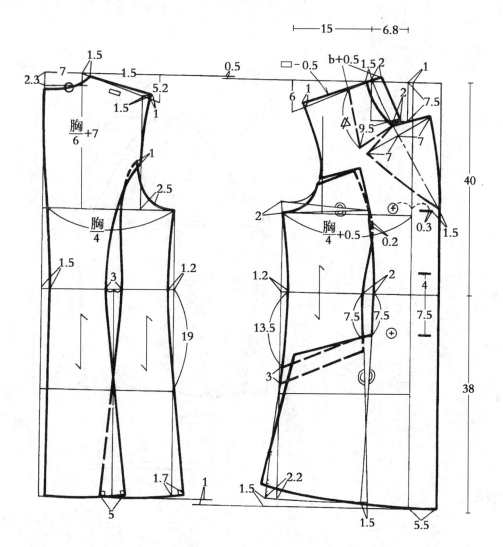

四、大圆摆二节袖衬衫

1. 选号型：160/84A。

2. 规格设计：

衣长＝0.4的号＋11cm＝75cm，胸围＝净胸围＋16～18cm＝100～102cm，肩宽＝净肩宽＋0.5cm＝40cm，袖长＝0.3的号＋8cm＝56cm，袖口20cm，前腰节长40.5cm。

3. 制图要点：

(1) 此款衣身较宽松，故胸线可按 $\dfrac{胸}{4}-1$ cm 计算。

(2) 翻折领能翻能扣，领底弧线前半截须与领圈吻合。

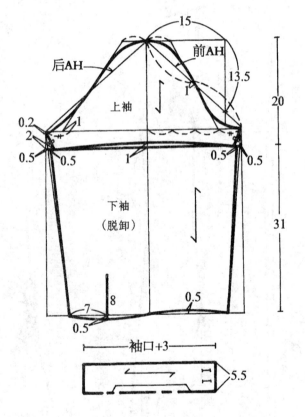

大圆摆二节袖衬衫

（3）腋胸省的 $\frac{1}{2}$ 量隐于前袖窿弧里,余量作底边起翘。前后胸围大相同。

（4）两节袖子用绳子系结成长袖。袖山深与袖肥夹角为 42°,呈较合身袖。宽克夫对折,袖口抽碎褶。

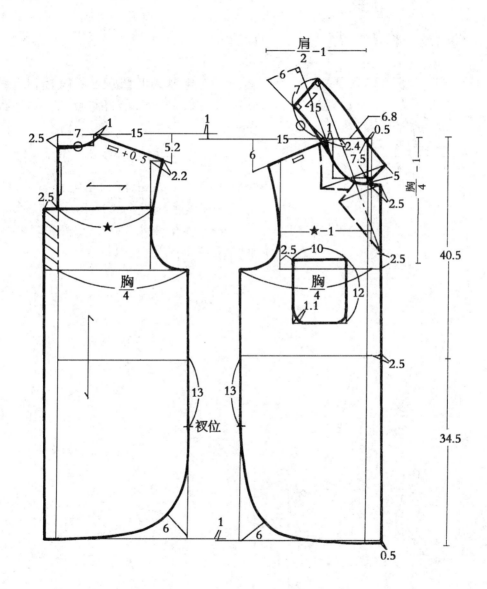

连衣帽裤裙

五、连衣帽裤裙

1. 选号型：160／84A。

2. 规格设计：

衣长 = 0.3 的号 − 3cm = 45cm，胸围 = 净胸围 + 16cm = 100cm，裤长 = 0.3 的号 + 6cm = 54cm，臀围 = 净臀围 + 20cm = 110cm，直裆 = 33cm。

3. 制图要点：

（1）本款为断截式连衣裤裙，上部为马夹式，袖窿深较下，腰部抽绳带，腰节需下落 5cm。

（2）取 $\frac{1}{3}$ 腋胸省量转入前胸劈门。后衣上平线抬高 1.5cm。因为是宽松型无袖装，因此后衣肩斜可调整为 20°（即 15：5.5）。

（3）帽子兼作领子，可按关门领方法制图，领翻量松度为 30°（即 15：9）。

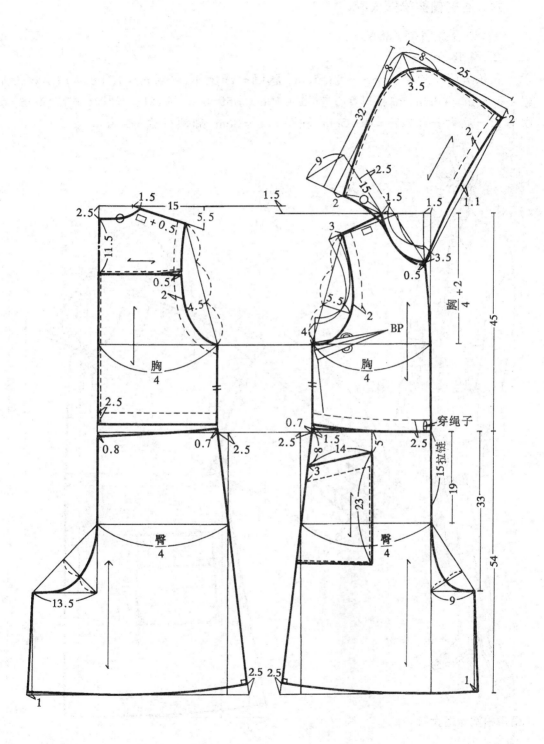

六、落肩袖宽松短大衣

1. 选号型:165/88A。

2. 规格设计:

衣长 = 0.5 的号 + 6cm = 88.5cm,胸围 = 净胸围 + 36cm = 124cm,肩宽 = 净肩宽 + 2.5cm = 43cm,袖长 = 0.3 的号 + 10cm = 59.5cm,袖口 = 胸/10 = 12.4cm,前腰节长 = 后背长 + 2cm = 40.5cm,领座高 a = 3cm,翻领宽 b = 6.5cm。

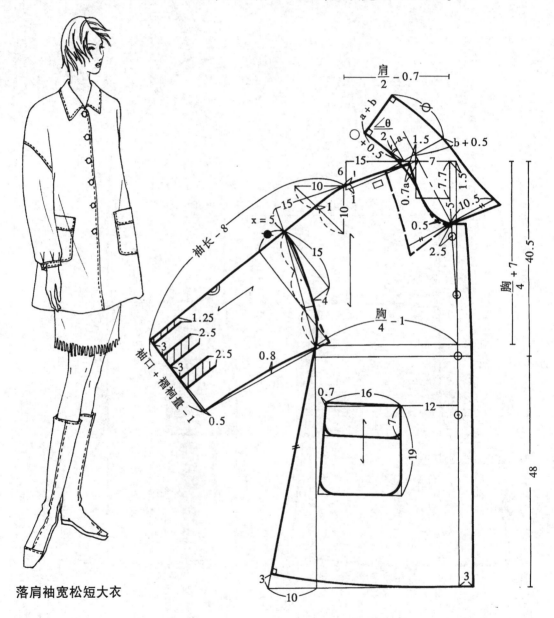

落肩袖宽松短大衣

3. 制图要点:

（1）本款为宽松型大衣,袖窿深线可按"$\dfrac{胸}{4}+6\sim8cm$"设定,腋胸余省隐于前袖窿深里,尽管胸部曲面度减小,但仍应考虑胸与颈窝的倾角,故需作1.5cm胸劈门。前胸围小于后胸围,以使前后袖窿弧达到平衡。

（2）低袖山的袖山深与袖肥夹角一般掌握在$15\sim25°$左右,可按连身袖方法配袖,先按款式定出落肩线,然后就能确定袖山深量了。

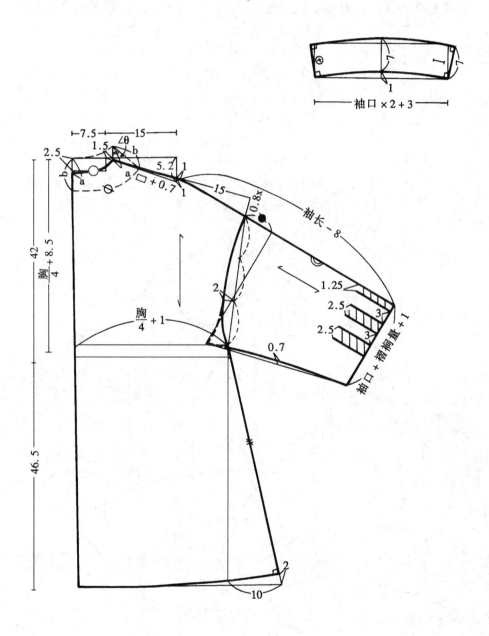

七、育克插肩袖中长大衣

1. 选号型：165/88A。

2. 规格设计：

衣长 = 0.6 的号 + 6cm = 105cm，胸围 = 净胸围 + 18cm = 106cm，肩宽 = 净肩宽 + 2cm = 42.5cm，袖长 = 0.3 的号 + 9.5cm = 59cm，袖口 = $\frac{胸}{10}$ + 5cm = 15.5cm，前腰节长 = 后背长 + 2.5cm = 41cm，领座高 a = 3.5cm，翻领宽 b = 6.5cm。

3. 制图要点：

（1）此款系外套大衣，关门领，前衣劈门 1cm。

（2）A 字摆，按摆的量作切割展开来合并胸省和肩背省。

（3）大衣的袋口位不宜高，可在腰节下 9cm 或按袖长减 6cm 来确定袋中点。

（4）袖口翻折边，需与里料错位 2cm。

（5）本款式由于领底弧长与领腰弧长差数较大，会使关门领翻折后不合颈，可通过挖领脚来达到合颈的效果。

育克插肩袖中长大衣

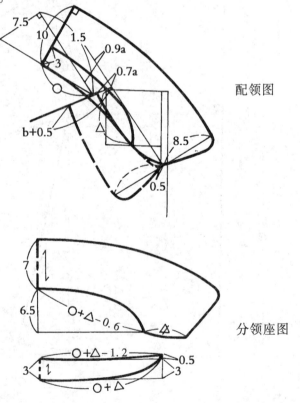

配领图

分领座图

210

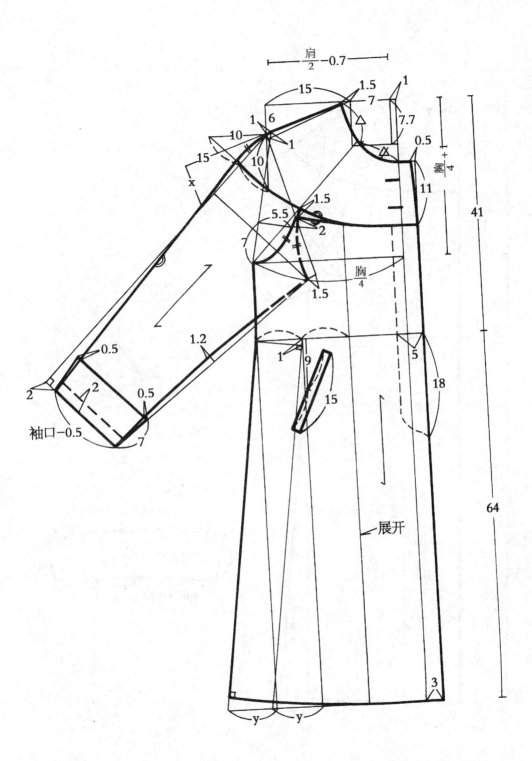

$\dfrac{肩}{2}-0.7$

15   1.5
1
7   7.7
1   6
1
10    $\dfrac{胸}{4}+1$ 41
1
15   10
x   0.5
1.5   11
5.5
2
7    $\dfrac{胸}{4}$
1.5

1.2
0.5   1   9
2   5   18
2   15
袖口-0.5   0.5
7

展开

64

3
y   y

211

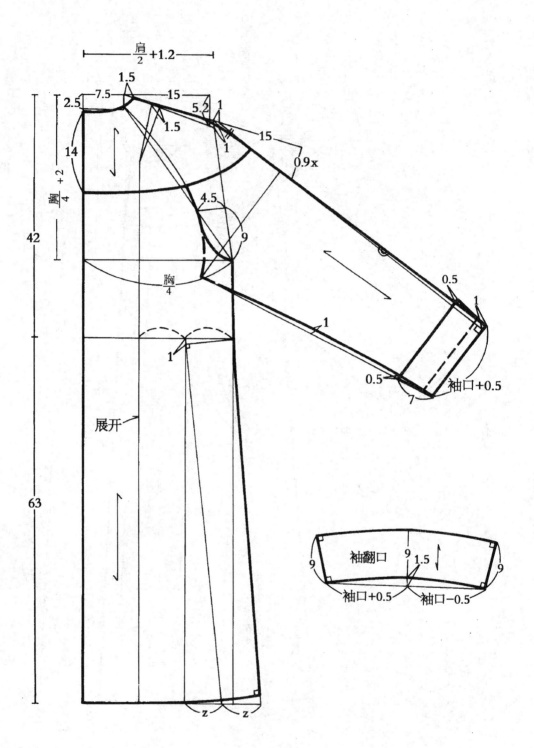

212

八、宽驳领短大衣

1. 选号型：165/88A。
2. 规格设计：

衣长＝0.5的号＋12.5cm＝95cm，胸围＝净胸围＋30cm＝118cm，肩宽＝净肩宽＋2.5cm＝43cm，袖长＝0.3的号＋11cm＝60.5cm，袖口＝$\dfrac{胸}{10}$＋5cm＝16.5cm，前腰节长＝后背长＋2cm＝41cm，领座高a＝3.5cm，翻领宽b＝12cm。

3. 制图要点：

（1）本款为宽松式呢绒短大衣，胸围线可按$\dfrac{胸}{4}$＋8cm定。

（2）插肩袖中心线角度较大，为48°。腋胸省的$\dfrac{1}{2}$量隐于前袖窿深里，$\dfrac{1}{2}$量处理在口袋线处。

（3）下口袋线放出4个活褶裥共8cm量。

（4）宽叠门，用襻扣与活腰带扣住衣服。

（5）领子后背呈海军式披领状。领面与挂面相连，无串口线。

（6）袖口翻边中心线有2～3cm缺口，翻边宽为10cm，但有2cm需折进与里料拼接，故实际宽12cm。

（7）衣服腰部有3个腰带襻扣。

宽驳领短大衣

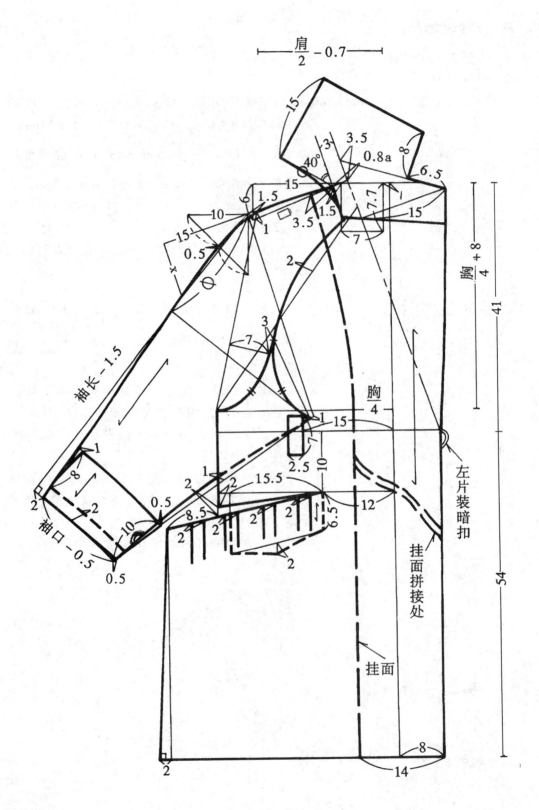

肩/2 − 0.7

15

40° 3 3.5 0.8a 8

6.5

15 1.5 1.5

10 6 3.5 7.7

15 x 1 3.5 15

0.5 Φ 2 7

袖长 − 1.5 3 7

胸/4 + 8

41

胸/4

1 15

1 7

2.5 10 左片装暗扣

1 8 2 1 2 15.5 12

2 2 2 挂面拼接处

袖口 − 0.5 0.5 8.5 2 2 6.5

10 2 2

0.5 2

挂面

54

2 8

14

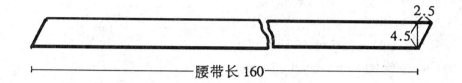

腰带长160

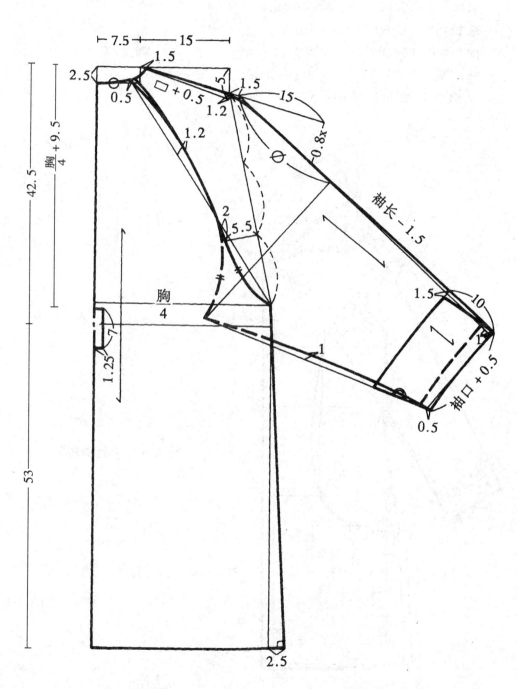

2.5

4.5

7.5 15

1.5

2.5

0.5

□ + 0.5

5

1.5

1.2

15

1.2

0.8x

Ø

$\frac{胸}{4} + 9.5$

42.5

袖长 - 1.5

2

5.5

$\frac{胸}{4}$

1.5

10

7

1

1.25

袖口 + 0.5

53

0.5

2.5

九、呢大衣（半连身袖）

1. 选号型：165/86A。
2. 规格设计：

衣长＝0.6号－4cm＝95cm，

胸围＝净胸围＋16cm＝102cm，

肩宽＝0.3胸围＋11cm＝42cm，

袖长＝0.3号＋9.5cm＝59cm，

袖口＝0.1胸围＋4.5cm＝14.5cm，

袖肥宽＝0.2B－1.5cm＝19cm，

前袖中心线角度＝55～57度。

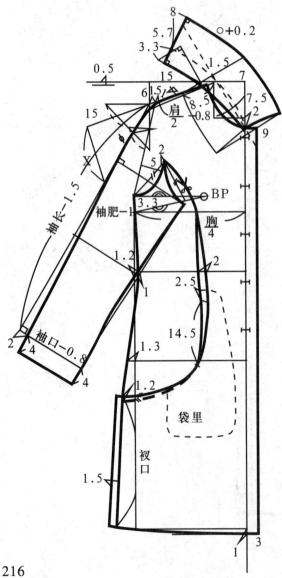

呢大衣（半连身袖）

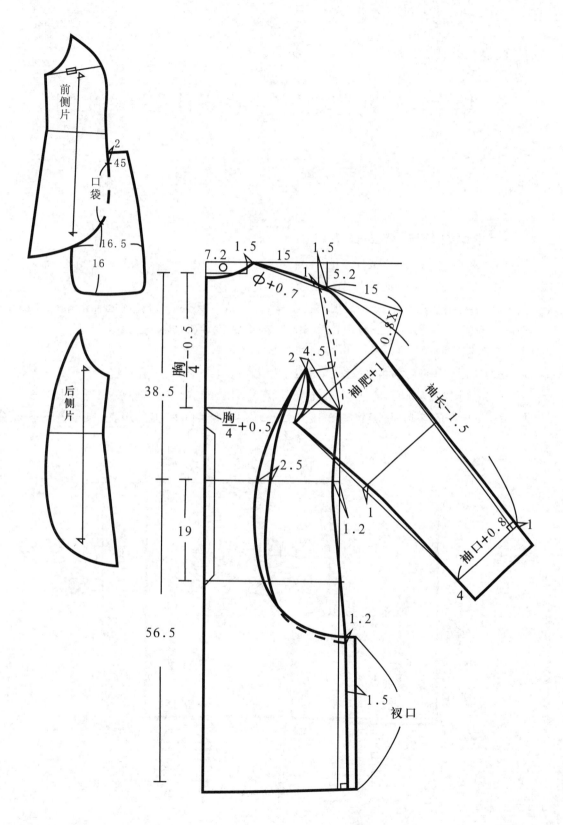

前侧片

2
45

口袋

16.5

16

后侧片

7.2　1.5　15　1.5

$\phi+0.7$

1

5.2

15

0.8X

2　4.5

袖肥+1

袖长-1.5

$\dfrac{胸}{4}-0.5$

38.5

$\dfrac{胸}{4}+0.5$

2.5

1

1.2

19

袖口+0.8

1

4

56.5

1.2

1.5　衩口

217

第七章 男上装结构制图设计及打样实例

第一节 男装基型

一、无劈门男装基型(图 7-1)

1. 选号型:170/88A。

2. 规格设计:

前腰节长 = 后背长 = 0.25 的号 = 42.5cm, 胸围 =(净胸围 + 4cm)+ 14cm = 106cm, 肩宽 = 净肩宽 + 2cm = 45.6cm,领围 = 颈围 + 2.2cm = 39cm。

3. 制图要点:

(1) 男装的前后衣的胸背长差数约为 2.5cm。

(2) 量出净胸围后,应先行加放 4cm,它是男装的一个基本厚度松量,用 B' 表示。

(3) 男性的实际平均肩斜角度为 23°,但男装实际采用角度为 21～20°,因其中

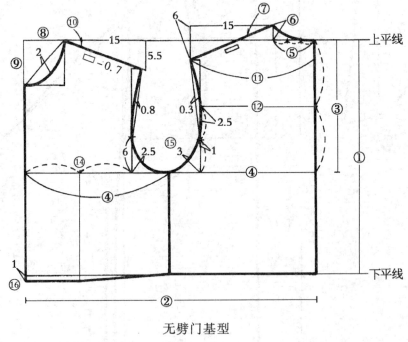

无劈门基型

图 7-1

218

包含了 1.2cm 垫肩量。除了西装、中山装、两用卡曲、大衣装垫肩外,一般内外衣都不装垫肩,但基本肩斜角度还是不变。

(4) 前衣基本起翘值为 1~1.5cm。

(5) 合身服装的前胸劈门为 1.8cm~2cm,约为 B'的 2%。

4. 制图步骤:

① 以背长尺寸 42.5cm,作出上、下平线。

② 以 $\frac{胸}{2}$ 尺寸 53cm,作出前中后中线。

③ 以 $\frac{B'}{6}$(即 $\frac{净胸+4}{6}$)+9=24.3cm 的尺寸作胸围线。

④ 前后胸围大各为 $\frac{胸}{4}$。

⑤ 以 $\frac{领}{5}$ -0.3=7.5cm 的尺寸作后横开领。

⑥ 取后横开领 $\frac{1}{3}$ 量作后直开领。后直开领尺寸也是为胸背长的差数。划顺后领口弧线。

⑦ 后肩斜角度 22°,直角边之比为 15:6。

⑧ 前横开领大 $\frac{领}{5}$ -0.6=7.2cm。

⑨ 前直开领大 $\frac{领}{5}$ +0.3=8.1cm。划顺前领口弧线。

⑩ 前肩斜角度 20°,直角边之比为 15:5.5。

⑪ 后肩宽为 $\frac{肩}{2}$ =22.8cm。

⑫ 后背宽为 $\frac{B'}{6}$ +5.5cm≈20.8cm。

⑬ 后小肩宽为 □,前小肩宽为 □-0.7cm。

⑭ 前胸宽 $\frac{B'}{6}$ +4cm=19.3cm。

⑮ 取前后袖窿拐点划顺袖窿弧线。

⑯ 前中下落 1cm 为起翘值。

二、合身型西服基型(图 7-2)

1. 选号型:170/88A。

2. 规格设计:

前腰节长=后背长=0.25 的号=42.5cm,胸围=(净胸围+4)+14~16cm=108cm,肩宽=净肩宽+2cm=45.6cm,领围=颈围+2.2cm=39cm。

3. 制图要点:

(1) 转动无劈门男装基型的前衣中线,劈门为 1.8~2cm,其余不变。

(2) 按前中心线垂直于衣上平线的特点,前衣上平线相应升高 0.8cm。

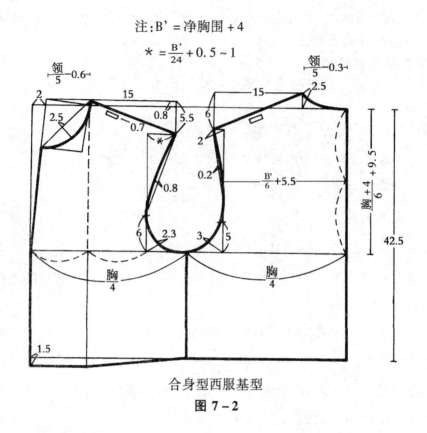

注:B' = 净胸围 + 4

$$* = \frac{B'}{24} + 0.5 \sim 1$$

合身型西服基型

图 7-2

(3) 前小小肩(＊)理想值一般在 4.5～5cm 之间,可按 $\frac{B'}{24}$ ＋(0.5～1cm)计算。

(4) 后小小肩值一般为 1.5～2cm。

(5) 前衣中线下落量有所增大,为 1.5～2cm。

三、宽松型男装基型(图 7-3)

1. 选号型:170/88A。

2. 规格设计:

前腰节长＝后背长＝0.25 的号＝42.5cm,胸围＝(净胸围＋8)＋18～20cm＝114cm,肩宽＝净肩宽＋3cm＝46.6cm,领围＝颈围＋4.2cm＝41cm。

3. 制图要点:

(1) 胸线按" $\frac{B'}{6}$ ＋11～14cm＝27.5cm"确定。

(2) 后肩斜角度在 15:6 的基础上抬高 2cm,可按 15:4 制图。

(3) 前肩斜角度在 15:5.5 的基础上抬高 1cm,可按 15:4.5 制图。

(4) 前后衣胸背长差 2.7～3cm。

（5）前衣中线下落值 1.5～1cm。

（6）前衣胸劈门按衣领款式定。

注:B' = 净胸围 + 8

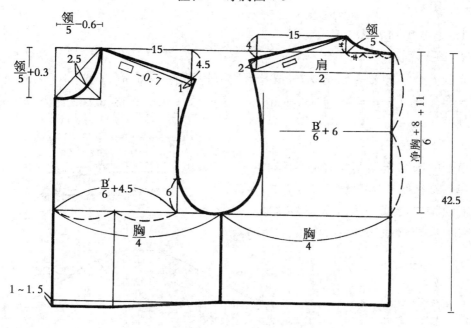

宽松型男装基型

图 7 - 3

第二节 男上装打样实例

一、男衬衫

1. 选号型:170/88A。

2. 规格设计:

衣长 = 0.4 的号 + 8cm = 76cm,胸围 = 净胸围 + 4cm(厚度) + 18cm = 110cm,肩宽 = 净肩宽 + 5cm = 48.4cm,袖长 = 0.3 的号 + 7cm = 58cm,袖克夫 = 25cm,领围 = 颈围 + 2.5cm = 39.5cm。

3. 制图要点:

(1) 可按宽松型基型作框架结构。

(2) 前衣原袖窿深劈去 2 ~ 2.5 cm,这样能使袖中心线与人体工效相符。

(3) 肩覆势收省 1 ~ 1.2cm,故后肩

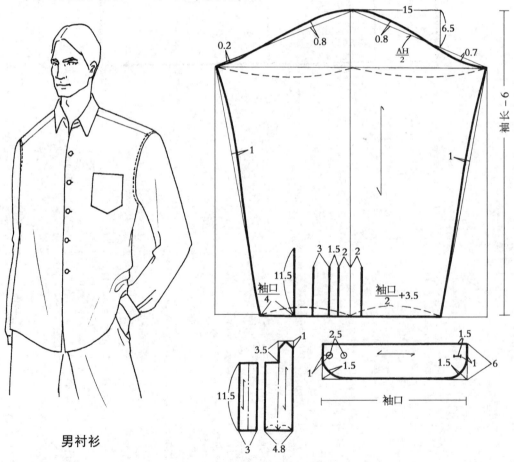

男衬衫

222

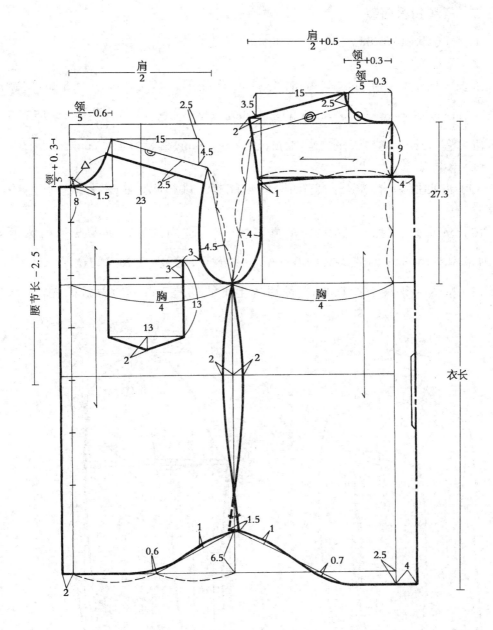

斜角度缩小为 15:3.5。

（4）属宽松型,前衣不设劈门,可将前后横开领的差数增大为 0.6cm 左右。

（5）独片袖的袖山较浅,角度为 23~24°(15:6.5)。

（6）男子颈部有喉结,故男装领腰线的松量应大于女装,这样竖翻领就可独立配制。

223

二、三粒扣男西装

1. 选号型:170/88Y、A。

2. 规格设计:

衣长 = 0.4 的号 + 6cm = 74cm,胸围 = (净胸围 + 4) + 12cm = 105cm,肩宽 = 净肩宽 + 2cm = 45.6cm,袖长 = 0.3 的号 + 8cm = 59cm,袖口 = $\frac{胸}{10}$ + 5 = 15.5cm,胸与腰围之差 13cm,胸与臀围之差 4cm,领座 a = 3cm,翻领 b = 4.2cm。

3. 制图要点:

(1) 此西服为合身型外套,西服内只能穿一件衬衣,袖窿深按 $\frac{B'}{6}$ + 9.5cm 计算。

(2) 领围宽于衬衫,因此后领宽可按 $\frac{0.8}{10}$ 胸围计算;前衣劈门由两部分组成,即基本劈门 2cm 加款式劈门 0.8cm。前横开领宽也可取前胸宽的 $\frac{1}{2}$。

(3) 前衣上平线上抬 0.8cm,前后衣上平线的差为前后胸背长的差。一般后衣

三粒扣男西装

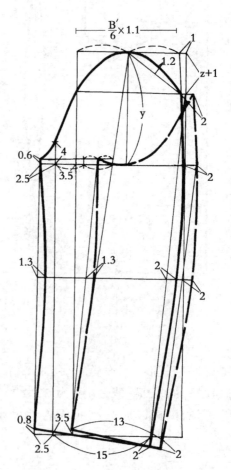

224

的肩端移出背宽 1.5～2cm 为理想值,前肩端点与前胸宽线的间距为 4.5～5cm 为理想。

(4)驳领与颈斜面越低,倾角越大。上翻领可采用挖领脚工艺,翻领松度不能按女装制图方法制领,一般缩小 2～4°的翻领松量,领面还须展开制作(见下款)。

(5)袖子的制图方法:以衣身的袖窿门作平移,前衣袖窿深减去 3cm(y)为袖山深的值,后衣背宽线下落 0.5～1cm 为袖后山线。衣腰节线为袖肘线。袖肥大为:衣袖窿门宽($\frac{净胸 + 4}{6}$)×1.1。袖中点按袖肥宽减 1cm 除以 2 定位。

注:前横开领大 $= \frac{0.8}{10}$ 胸 $- 0.3$

B' = 净胸围 + 4

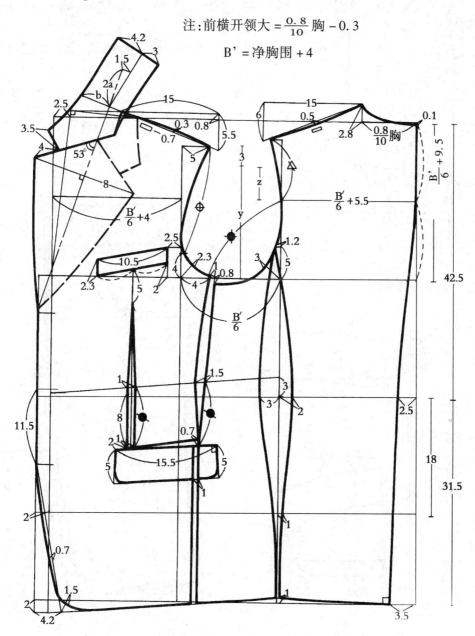

225

三、两粒扣平驳领西装

1. 选号型:170/92B。

2. 规格设计:

衣长 = 0.4 的号 + 6cm = 74cm, 胸围 = (净胸围 + 6) + 14cm = 112cm, 肩宽 = 净肩宽 + 2cm = 46.4cm, 袖长 = 0.3 的号 + 8cm = 59cm, 袖口 = 15.5cm, 胸腰差 10cm, 臀胸差 2~3cm, 领座 a = 2.5cm, 翻领 b = 4cm。

3. 制图要点:

(1) 此款较合身,可穿一件薄型毛衣,故前后胸背差 2.3~2.5cm。

(2) 低驳位西装, 劈门 1.2~1cm, 加上胸劈门 2cm(按 "$\frac{净胸 + 6}{6} \times 2\%$" 计算), 合计劈门大 2.7~3cm。

二粒扣平驳领西装

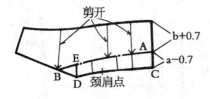

领面变形图示(折叠后, 使 A'E' = 原 $\overgroup{DC}$, C'D ≤ 原 $\overgroup{CD}$)

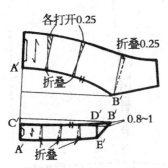

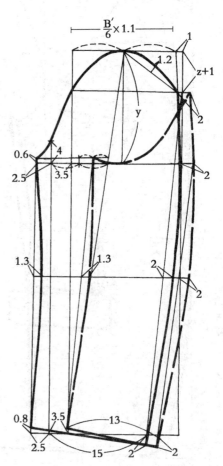

226

（3）袖窿门宽略大于 Y 型和 A 型，为 $\dfrac{B'}{6}+1$，胁省收去 1.5cm。

（4）领缺口较低，串口角度为 45°，或小于 45°。领面结构变化在原领样结构图上再进行展开。

（5）驳头外止口线以能盖去手巾袋一小角为驳宽适中量。

（6）袖后山线可下落 1cm。

（7）前衣下脚圆摆劈势不宜大，4cm 即可。

（8）口袋线肚省可略增大，为 0.8cm。

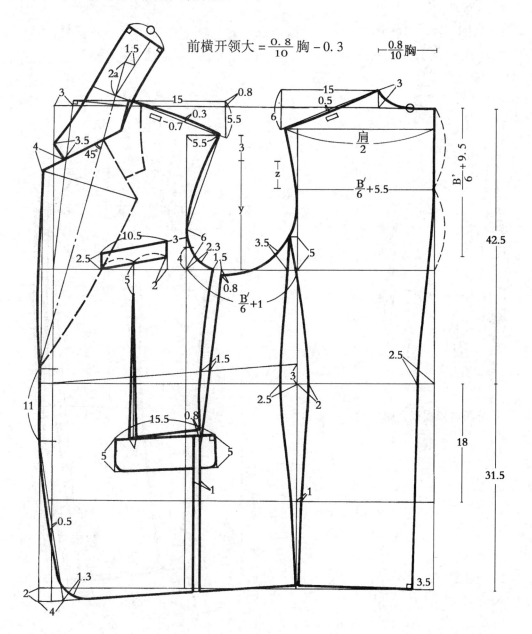

前横开领大 $=\dfrac{0.8}{10}$ 胸 -0.3

227

四、双排四档扣摆衩西服

1. 选号型：175/94A。
2. 规格设计：

衣长 = 0.4 的号 + 8cm = 78cm，胸围 = (净胸围 + 8) + 12cm = 114cm，肩宽 = 净肩宽 + 2cm = 47cm，前腰节长 = 后背长 = 0.25 的号 = 43.8cm，袖长 = 0.3 的号 + 9cm = 61.5cm，袖口 = 15.5cm，胸腰差 11 ~ 12cm，领座高 a = 3cm，翻领 b = 4.2cm。

3. 制图要点：

(1) 前衣小小肩值 5cm（按 $\frac{净胸 + 6}{24} + 1$cm 计算）。

(2) 门襟止口底边上翘 0.3cm。

双排四档扣摆衩西服

注：B' = 净胸围 + 6

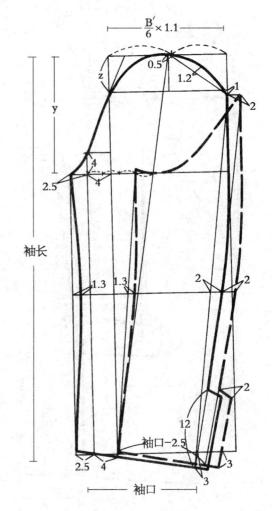

（3）前衣上平线抬高 1cm。

（4）领串口角度 58～60°。领面的展开变形参考前款。

（5）后衣摆缝线呈直线开衩，衩高可依款式而定，一般在腰节线下 7～8cm 左右。

（6）胁省 1.5cm。

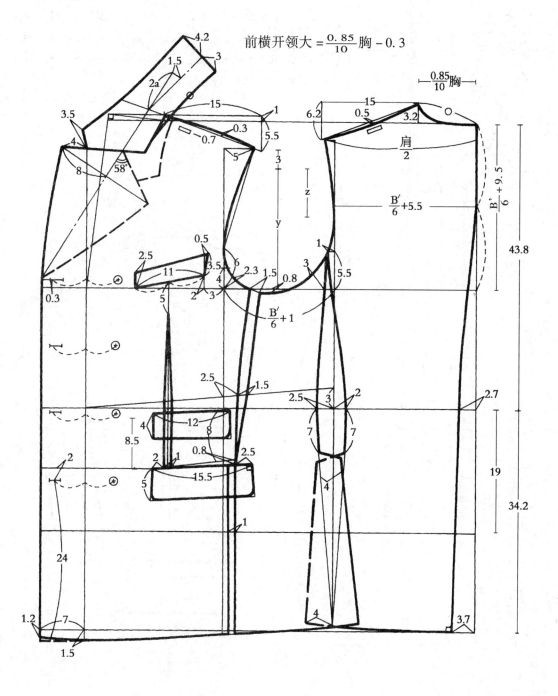

$$前横开领大 = \frac{0.85}{10}胸 - 0.3$$

男茄克衫

五、男茄克衫

1. 选号型：170/90A。

2. 规格设计：

衣长 = 0.4 的号 − 0～3cm = 65cm，胸围 = (净胸 + 8) + 20～25cm = 120cm，肩宽 = 净肩宽 + 8.5cm = 52cm，袖长 = 0.3 的号 + 6cm = 57cm，领围 = 颈围 + 4.6cm = 41.4cm，袖口 = 11.5cm。

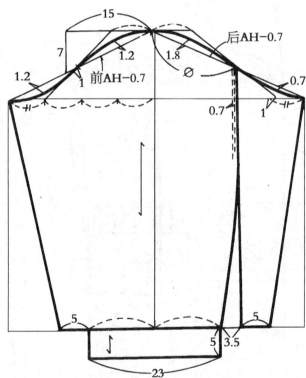

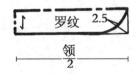

3. 制图要点：

（1）本款式属宽松型，故前后肩斜角度，前为 18°，后为 15°，以增加款式松量。

（2）前后胸背长差约为 2.7cm。

（3）前后胸背宽差为 1cm。

（4）落肩袖，袖身肥，袖山深与袖肥夹角在 20°～25°之间（本款取 15：7）。袖山头较平，无吃势量。

注：B' = 净胸 + 8

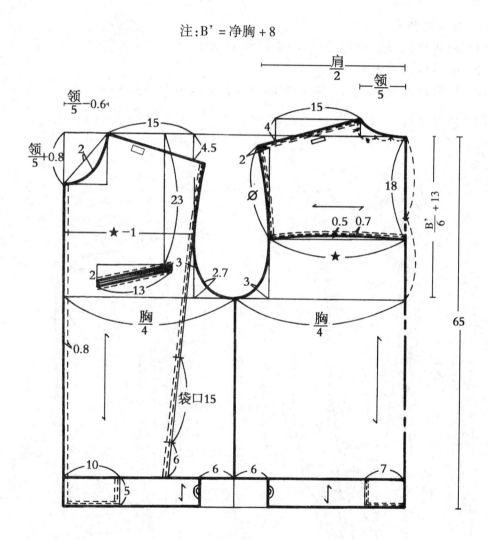

六、卡曲式两用衫

1. 选号型：170/92A。

2. 规格设计：

衣长 = 0.4 的号 + 2cm = 70cm，胸围 = (净胸 + 8) + 16～18cm = 116cm，肩宽 = 净肩宽 + 3.4cm = 48cm，袖长 = 0.3 的号 + 9cm = 60cm，领围 = 颈围 + 4cm = 41.5cm，袖口 = $\dfrac{\text{胸}}{10}$ + 4cm = 15.6cm。

3. 制图要点：

(1) 前衣劈门 2cm(按[净胸 + 8]×2% 计算)。

(2) 前后胸背长差约 2cm。

(3) 后肩斜角度调小 3°，为 19°(15：5.2)，前衣起翘 1cm。

(4) 袖身肥适中，袖山深取前后袖深差的 $\dfrac{1}{2}$ 减 3.5cm 定，约为 42°。

卡曲式两用衫

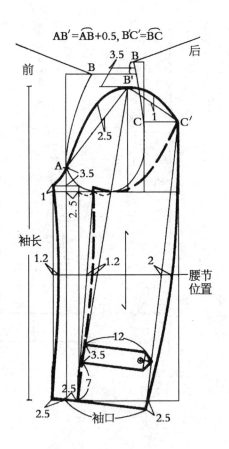

232

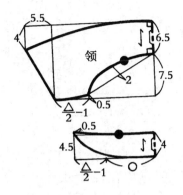

注:B' = 净胸 + 8

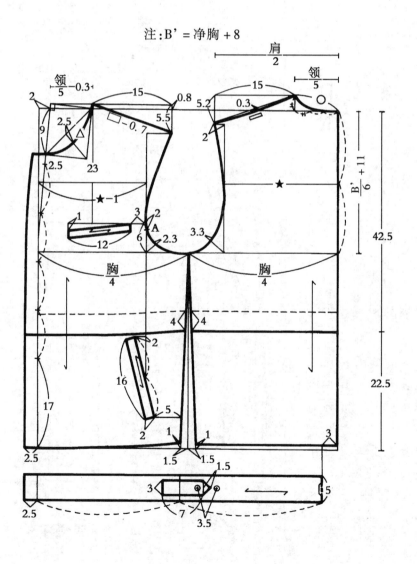

七、男西装背心

1. 选号型:170/88A。

2. 规格设计:

衣长 = 0.3 的号 + 10cm = 61cm,胸围 = (净胸围 + 4) + 5cm = 97cm,前腰节长 = 后背长 = 0.25 的号 = 42.5cm,胸腰差 12cm。

3. 制图要点:

(1) 胸劈门按(胸围 + 4)×2% 计算,为1.8cm。前止口在腰线处移出 0.5cm 作为款式劈门。

(2) 前肩斜角度 22°(15:6),后肩斜角度 25°(15:7.5),平均角度 23.5°,肩平者可调到 22.5°。

(3) 胸围线按西装胸围线下落 2~2.5cm。前胸围大小于后胸围大 3cm。

(4) 背心的背宽较窄,为 $\frac{胸+4}{6}+0.5\sim1cm$,在此基础上移出 1cm 为后肩缝长。

前横开领大 = $\frac{0.8}{10}$ 胸 − 0.3

男西装背心

(5) 前肩缝长短于后肩 0.3cm,由肩端点移进 2cm 划出前胸宽线。

(6) 上下口袋外止口线齐,上袋大 10cm,宽 2cm,下袋大 13~13.5cm,宽 2cm。

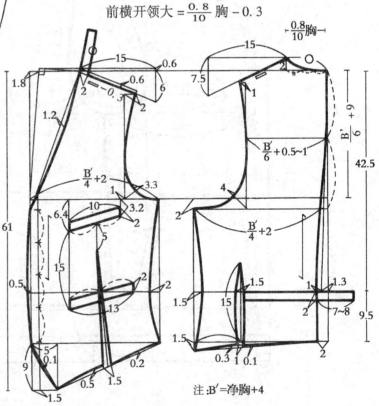

注:B′=净胸+4

234

青果领西装背心

八、青果领西装背心

1. 选号型：170／92A、B 。

2. 规格设计：

衣长 = 0.3 的号 + 9cm = 60cm，胸围 = (净胸围 + 4) + 6cm = 102cm，前腰节长 = 后背长 = 42.5cm，胸腰差 10 ~ 11cm，领座高 a = 2.5cm，翻领宽 b = 4cm。

3. 制图要点：

(1) 前胸劈门约为 2cm (按 [胸围 + 4] × 2% 计算)，衣止口线在腰节线处移出 0.5cm 作为款式劈门。

(2) 前肩斜角度 20°(15: 5.5)，后肩斜角度 24°(15: 7.2)，平均值为 22°。

(3) 前小小肩值为 2.5cm。

(4) 前后刀背缝吸腰量各为 2cm。前袖窿拐弯处收去 0.5cm。

(5) 驳领转量松度 21°。

(6) 下口袋中点以刀背缝为基准，袋大 13 ~ 13.5cm，宽 2cm，倾斜 2.5cm。

$$前横开领大 = \frac{0.8}{10} 胸$$

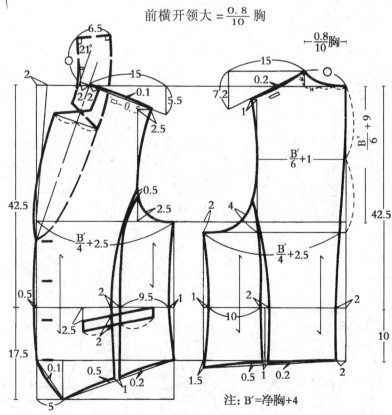

注：B′=净胸+4

九、双排扣宽松型中长大衣

1. 选号型:175/96A。

2. 规格设计:

衣长 = 0.6 的号 + 7cm = 110cm,胸围 = (净胸围 + 8) + 24cm = 128cm,肩宽 = 净肩宽 + 5.5cm = 50cm,袖长 = 0.3 的号 + 11cm = 63.5cm,袖口 = 18cm,领围 = 领围 + 5cm = 44cm,领座高 a = 3cm,翻领宽 b = 6.5cm。

3. 制图要点:

(1) 前衣劈门量为 2cm(按[净胸 + 8cm] × 2% 计算)。

(2) 袖窿深线参照"$\frac{胸}{4}$ + 1cm"定。

(3) 横嵌线口袋,袋大 19—20cm 之间,袋位也可从上平线按袖长减 9cm 尺寸下量。

(4) 衣底边侧缝起翘 0.7 ~ 1cm。

(5) 口袋中点以前胸宽线前移 3.5cm 定。

(6) 领底按样板制作,领面需作断领脚处理。

(7) 袖子为较合身型,袖斜线角度 40 ~ 42°(15:13.5)之间。

双排扣
宽松型中长大衣

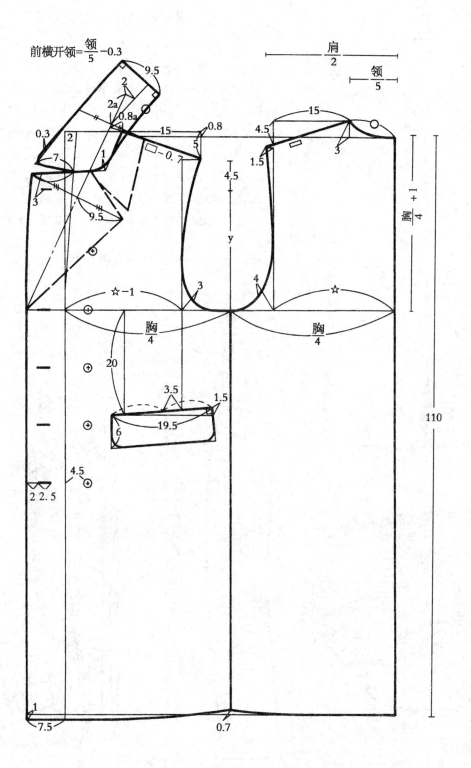

前横开领=$\frac{领}{5}$−0.3

$\frac{肩}{2}$

$\frac{领}{5}$

9.5

2

2a

0.8a

0.3

2

7

1

3

9.5

−15

0.8

$\Box$−0.7

5

4.5

−15

1.5

3

4.5

y

☆−1

3

4

☆

$\frac{胸}{4}$

$\frac{胸}{4}$

20

3.5

1.5

6

19.5

4.5

2 2.5

$\frac{胸}{4}+1$

110

1

7.5

0.7

237

十、暗门襟前圆后插肩中长大衣

1. 选号型：170/92A。

2. 规格设计：

衣长 = 0.6 的号 + 8cm = 110cm，胸围 = （净胸围 + 8cm） + 18cm = 118cm，肩宽 = 净肩宽 + 4cm = 48.8cm，袖长 = 0.3 的号 + 12cm = 63cm，袖口 = 17cm，领围 = 颈围 + 6cm = 44cm，前腰节长 = 后背长 = 0.25 的号 + 2cm = 44.5cm。

3. 制图要点：

（1）前衣劈门 2cm（按 [净胸围 + 8]×2% 计算）。

（2）袖窿深线为 $\dfrac{净胸 + 8}{6} + 11cm$。

（3）暗门襟宽 7cm，右叠门宽于左叠门 1cm，为 4.5cm。

暗门襟前圆后插肩
中长大衣

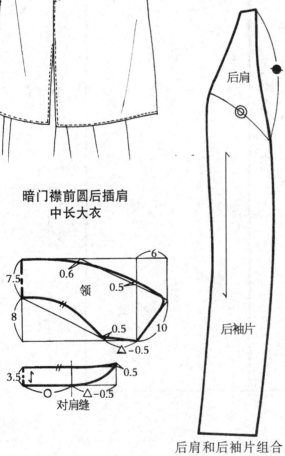

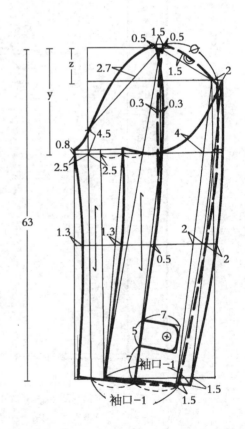

238

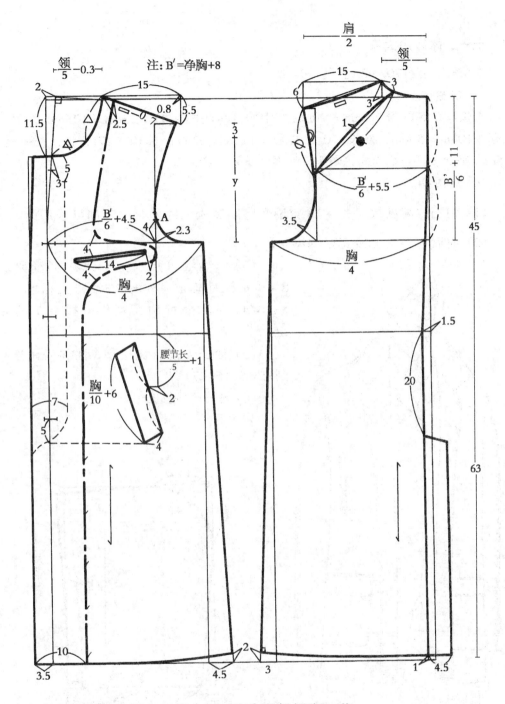

（4）关门翻折领,领上口较合颈,可采用断领脚工艺。

（5）袖子为三片式,共分成前片袖、后片袖和袖底小片。先按两片圆装袖结构制图,然后在后衣身划出插肩部位的造型,并将其与后袖合并,差量由小袖片借出作偏袖量处理。在袖山头处前后袖各劈进 0.75cm,抬高 0.5cm,划顺。袖山深中心线两边各抛出 0.3~0.5cm,划顺。

十一、休闲短大衣

1. 选号型:170/92A。

2. 规格设计:

衣长 = 0.5 的号 + 5cm = 90cm,胸围 = (净胸围 + 8) + 23cm = 123cm,肩宽 = 净肩宽 + 10cm = 55cm, 袖长 = 0.3 的号 + 11cm = 62cm, 袖口 = 17.5cm, 领座高 a = 3.5cm,翻领宽 b = 6.5cm,领围 = 颈围 + 9cm = 47cm。

3. 制图要点:

(1) 胸围线高度按 $\dfrac{胸}{4}$ + X(变量)计算。宽松型的外套一般都可采用此方法。

(2) 前后肩斜角度按宽松基型。

(3) 袋位线可从衣上平线往下量袖长减 8~9cm 尺寸确定,口袋大与袖口大相近。

(4) 关门翻折领,领基点按 0.7 的领座定。

(5) 袖子为落肩宽松型,袖斜线角度可控制在 15:(5~7)。

(6) 帽子为脱卸式。

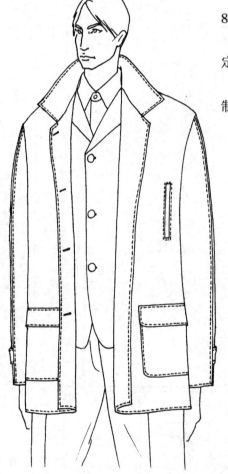

休闲短大衣

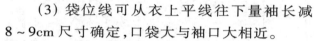

240

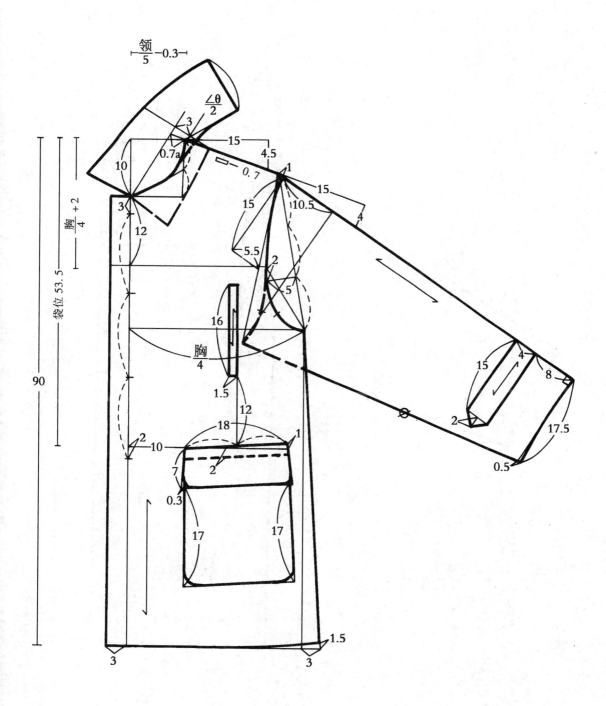

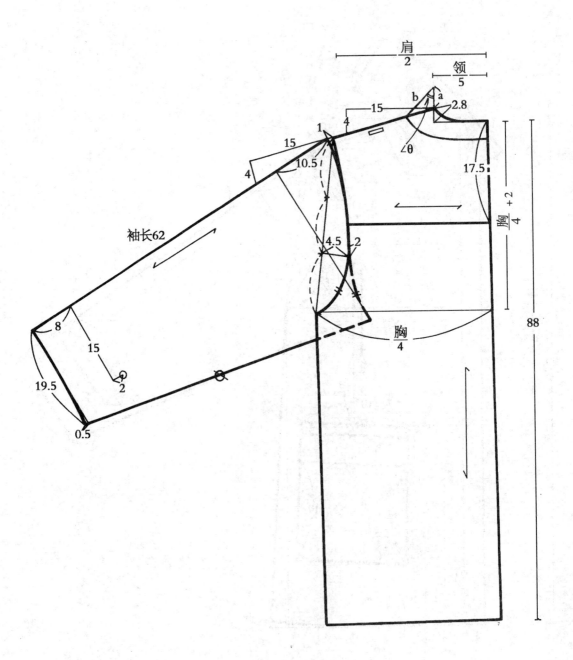

肩/2

领/5

15

b a 2.8

4

θ

1

15

10.5

4

17.5

胸/4 + 2

袖长62

4.5 2

胸/4

8

15

2

19.5

0.5

88

第八章　样板的制作与推档

第一节　样板制作与推档的基础知识

一、样板制作(图 8-1)

1. 打样设计：先依据服装款式图稿或成衣来样，选择号型设计规格，或测量来样成衣确定规格，然后划出服装制图纸样，并进行样衣制作。这些统称为打样设计。

2. 纸样检验：通过观察完成的样衣的效果，修正制图纸样各裁片的线条、拼接缝和人体与服装衣片之间的曲弧线关系；再在纸样上作好工艺生产的对刀缝、袋位和省位标记，此纸样也称工艺劈剪样板，即原始样板，又称工艺操作样板，一般为净样板。

3. 样板放缝：依据服装面料质地和工艺缝制要求放出各部位的毛缝量。一般直线分缝缝头量控制在 1~1.2cm，曲弧线不分缝缝头为 0.8cm，包缝缝头为 1.2~1.5cm，底边贴

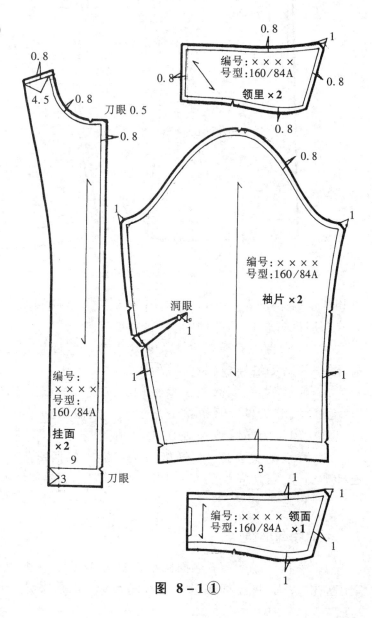

图 8-1①

243

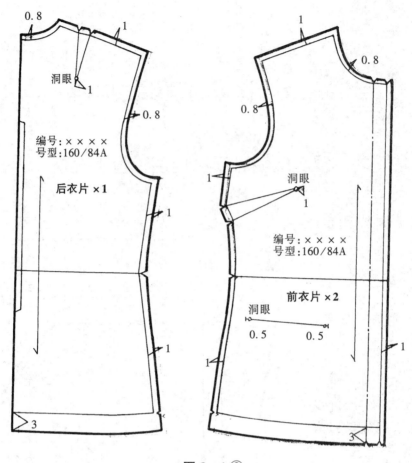

图 8-1 ②

边和衩位缝头为 3~4cm。另外须考虑服装原料的缩率和缝纫过程中的缩率,将之加放在样板各部位和部件的长度、宽度之中。

4. 工业生产流程样板制作:分排料裁剪样板、衬料样板、里料样板、部件样板,这些都是毛缝样板(包含缝份)。

5. 样板的定位标记:主要标记有刀眼和洞眼。刀眼的深度为 0.5,常用于表示净、毛缝线、缝头量以及拼接缝对位点。洞眼用钻子钻成,直径为 0.3cm,常用在省位、袋位、裥位的净缝线移进 0.5~1cm。

6. 样板的文字标志:样板的文字标志包括产品型号编号,服装号型规格,样板种类编号,鸳鸯样板的左右片、正反面表示,丝缕方向、倒顺毛记号、片名片数。

7. 检验员复核、盖章。

二、样板推档

1. 推档的基本概念:推档是根据号型设立一个中号样板,然后依据号型系列定出规格系列,将原样板进行缩放的过程,又称推板。

244

2. 推档的依据：先将原中号样板，做成母型样板（即纬线和纵线的垂直平行线），依据号型系列定出该衣款的档距、档差，再进行放缩。档差，就是指下装和上装的长度、围度、宽度的号型之差；如裙长、裤长、衣长、袖长、胸围、腰围、臀围、颈围，可参阅后面服装号型系列档差表。档距，就是大中小号裁片间的推档间距，数值可参考制图计算公式确定或通过角度法得到。

3. 推板的方法及推档的计算：推板的方法多种多样，如："总图推板法"（即以最小号和最大号的样板连接，再平均等分各档样板的档距）、"坐标定位法"、"逐段推板法"等等，这些方法各有优缺点。笔者在本书中介绍的是"母板平移推板法"，即把母板作为中号的基准样板，依据服装上各部位档差及档距作上下左右平移，找出交点，然后按母板分别划出小号和大号样板的轮廓线。推板后的各样板的型都不能变，（即角度相同）且应以能符合工艺生产流程为基本点。

三、"母板平移推板法"的操作要领

1. 母板纵横线定位：一般上下平移时，应沿纵轴线作上下移动。设母板的腰节线为纬向线基础，上下各作间距为 0.5cm 的平行腰线，这 0.5cm 是根据袖窿深的档距作出的。因为腰节线的档距是 1cm，2 倍的 0.5cm 等于 1cm 得到腰节档差。在上装制图中，腰节线的设置和袖窿深的设置较为关键。而纵向基础线（即纵轴线）因不涉及规格，只要垂直所有纬线并上下开口即可。腰节线也称纬轴线。左右平行线与纵向基础线相距 0.6cm，此数值以胸宽和背宽档差而设立。这样设立袖窿弧线不易变形。假如款式有纵向分割线（如肩颈公主线和领背公主线）的，应在每片裁片结构图上作纵向左右平行 0.3cm 的基础线，这样放缩出的样板，款式分割造型比例值不易变形。同样，在肩缝线至胸围线中间有横向分割线，上下各作 0.25cm，（即 $\frac{1}{2}$ 的 0.5cm 档距）的放缩，而不能把 0.5cm 的袖窿深档距放缩在一个分割款式的裁片图上。

2. 公共线设置：在推板中公共线的设置也较为重要。纵向公共线有前叠门线和后背中线、前胸宽线和背宽线或腰节省位线。被设置的公共线，它的推档系数为 0，代表无档距。横向的公共线一般可设置衣上平线和下平线、胸围线或腰节线，它们都是较理想的横向公共线。同样，被设的这条横向公共线它的推档系数也为 0。

3. 推档数值计算：样板的长度尺寸有衣长、腰节长、裤长、裙长、袖长、直档长等，它们的档差都是按人的身高——号的档差乘上款式长度而定。如号的档差是 5cm 一档，衣长按 0.4 的号计算，那么衣长的档差就是 5cm 乘上 0.4，为 2cm；裤长按 0.6 的号计算，那么裤长的档差就是 5cm 乘上 0.6，等于 3cm。

样板的围度尺寸有胸围、腰围、臀围、颈围等，其中胸围的总档差按 4cm 一跳档，因此上衣每一裁片的胸围档差总是按 4cm 除以裁片数量计算，四分法的，每一片裁片图档差为 1cm。腰围档差计算同于胸围。臀围则不同，胸围每增减 1cm，女性

服装臀围增减 0.9cm，男性服装臀围增减 0.8cm。颈围的档差也根据胸围计算，胸围每增减 1cm 胸围，颈围增减 0.2cm，如 5.4 系列的女上衣，颈围的档差就为 0.8cm。而男上衣颈围档差是 1cm。

样板的宽度尺寸有肩宽、背宽、胸宽等，肩的宽度也与胸围有关联，胸围每增减 1cm，肩宽增减 0.25cm，因此 5.4 系列女上衣肩宽档差就是 1cm 了，而男性是 1.2cm～1.3cm。在制图中胸、背宽与肩宽的值有一定的关联，女装档差一般按 $\frac{1}{2}$ 的肩宽档差加上 0.05～0.1cm 计算。男性的背宽、胸宽档差为 0.65cm。

男女服装号型各系列分档数值请参见附表 I 和附表 II。

在缩放过程中，我们还要考虑面料的缩率，应按比例将缩率值分配在每一裁片的档距中，使以后成衣的长度和宽度不变型。面料缩率请参考附表 III。

附表 I　女性服装号型各系列分档数值表　　　单位:cm

体型	Y							
部位	中间体		5.4 系列		5.2 系列		身高、胸围、腰围每增减 1cm	
	计算数	采用数	计算数	采用数	计算数	采用数	计算数	采用数
身高	160	160	5	5	5	5	1	1
颈椎高	136.2	136	4.46	4			0.89	0.8
坐姿颈椎点高	62.6	62.5	1.66	2			0.33	0.4
全臂长	50.4	50.5	1.66	1.5			0.33	0.3
腰围高	98.2	98	3.34	3	3.34	3	0.67	0.6
胸围	84	84	4	4			1	1
颈围	33.4	33.4	0.73	0.8			0.18	0.2
总肩宽	39.9	40	0.7	1			0.18	0.25
腰围	63.6	64	4	4	2	2	1	1
臀围	89.2	90	3.12	3.6	1.56	1.8	0.78	0.9

体型	A							
部位	中间体		5.4 系列		5.2 系列		身高、胸围、腰围每增减 1cm	
	计算数	采用数	计算数	采用数	计算数	采用数	计算数	采用数
身高	160	160	5	5	5	5	1	1
颈椎高	136	136	4.53	4			0.91	0.8
坐姿颈椎点高	62.6	62.5	1.65	2			0.33	0.4
全臂长	50.4	50.5	1.7	1.5			0.34	0.3
腰围高	98.1	98	3.37	3	3.37	3	0.68	0.6
胸围	84	84	4	4			1	1
颈围	33.7	33.6	0.78	0.8			0.2	0.2
总肩宽	39.9	39.4	0.64	1			0.16	0.25
腰围	68.2	68	4	4	2	2	1	1
臀围	90	90	3.18	3.6	1.6	1.8	0.8	0.9

体型	B							
部位	中间体		5.4 系列		5.2 系列		身高、胸围、腰围每增减 1cm	
	计算数	采用数	计算数	采用数	计算数	采用数	计算数	采用数
身高	160	160	5	5	5	5	1	1
颈椎点高	136.3	136.5	4.57	4			0.92	0.8
坐姿颈椎点高	63.2	63	1.81	2			0.36	0.4
全臂长	50.5	50.5	1.68	1.5			0.34	0.3
腰围高	98	98	3.34	3	3.3	3	0.67	0.6
胸围	88	88	4	4			1	1
颈围	34.7	34.6	0.81	0.8			0.2	0.2
总肩宽	40.3	39.8	0.69	1			0.17	0.25
腰围高	76.6	78	4	4	2	2	1	1
臀围	94.8	96	3.27	3.2	1.64	1.6	0.82	0.8

体型	C							
部位	中间体		5.4 系列		5.2 系列		身高、胸围、腰围每增减 1cm	
	计算数	采用数	计算数	采用数	计算数	采用数	计算数	采用数
身高	160	160	5	5	5	5	1	1
颈椎点高	136.5	136.5	4.48	4			0.9	0.8
坐姿颈椎点高	62.7	62.5	1.8	2			0.35	0.4
全臂长	50.5	50.5	1.6	1.5			0.32	0.3
腰围高	98.2	98	3.27	3	3.27	3	0.65	0.6
胸围	88	88	4	4			1	1
颈围	34.9	34.8	0.75	0.8			0.19	0.2
总肩宽	40.5	39.2	0.69	1			0.17	0.25
腰围高	81.9	82	4	4	2	2	1	1
臀围	96	96	3.33	3.2	1.66	1.6	0.83	0.8

注：（1）身高所对应的高度部位是颈椎点高，坐姿颈椎点高。

（2）胸围所对应的围度部位是颈围，总肩宽。

（3）腰围所对应的围度部围是臀围。

附表 II　男性服装号型各系列分档数值表　　　　单位:cm

体型	Y							
部位	中间体		5.4系列		5.2系列		身高、胸围、腰围每增减1cm	
	计算数	采用数	计算数	采用数	计算数	采用数	计算数	采用数
身高	170	170	5	5			1	1
颈椎点高	144.8	145	4.51	4			0.9	0.8
坐姿颈椎点高	66.2	66.5	1.64	2			0.33	0.4
全臂长	55.4	55.5	1.82	1.5			0.36	0.3
腰围高	102.6	103	3.35	3	3.35	3	0.67	0.6
胸围	88	88	4	4			1	1
颈围	36.3	36.4	0.89	1			0.22	0.25
总肩宽	43.6	44	1.97	1.2			0.27	0.3
腰围	69.1	70	4	4	2	2	1	1
臀围	87.9	90	2.99	3.2	1.5	1.6	0.75	0.8

体型	A							
部位	中间体		5.4系列		5.2系列		身高、胸围、腰围每增减1cm	
	计算数	采用数	计算数	采用数	计算数	采用数	计算数	采用数
身高	170	170	5	5	5	5	1	1
颈椎点高	145.1	145	4.5	4	4		0.9	0.8
坐姿颈椎点高	66.3	66.5	1.86	2			0.37	0.4
全臂长	55.3	55.5	1.71	1.5			0.34	0.3
腰围高	102.3	102.5	3.11	3	3.11	3	0.62	0.6
胸围	88	88	4	4			1	1
颈围	37	36.8	0.98	1			0.25	0.25
总肩宽	43.7	43.6	11.1	1.2			0.29	0.3
腰围	74.1	74	4	4	2	2	1	1
臀围	90.1	90	2.91	3.2	1.5	1	0.73	0.8

体型	B							
部位	中间数		5.4系列		5.2系列		身高、胸围、腰围每增减1cm	
	计算数	采用数	计算数	采用数	计算数	采用数	计算数	采用数
身高	170	170	5	5	5	5	1	1
颈椎点高	145.4	145.5	4.54	4			0.9	0.8
坐姿颈椎点高	66.9	67	2.01	2			0.4	0.4
全臂长	55.3	55.5	1.72	1.5			0.34	0.3
腰围高	101.9	102	2.98	3	2.98	3	0.6	0.6
胸围	92	92	4	4			1	1
颈围	38.2	38.2	1.13	1			0.28	0.25
总肩宽	44.5	44.4	1.13	1.2			0.28	0.3
腰围	82.8	84	4	4	2	2	1	1
臀围	94.1	95	3.04	2.8	1.52	1.4	0.76	0.7

体型	C							
部位	中间数		5.4系列		5.2系列		身高、胸围、腰围每增减1cm	
	计算数	采用数	计算数	采用数	计算数	采用数	计算数	采用数
身高	170	170	5	5	5	5	1	1
颈椎点高	146.1	146	4.57	4			0.91	0.8
坐姿颈椎点高	67.3	67.5	1.98	2			0.4	0.4
全臂长	55.4	55.5	1.84	1.5			0.37	0.3
腰围高	101.6	102	3	3	3	3	0.6	0.6
胸围	96	96	4	4			1	1
颈围	39.5	39.6	1.18	1			0.3	0.25
总肩宽	45.3	45.2	1.18	1.2			0.3	0.3
腰围	92.6	92	4	4	2	2	1	1
臀围	98.1	97	2.91	2.8	1.46	1.4	0.73	0.7

注：（1）身高所对应的高度部位是颈椎点高,坐姿颈椎点高、全臂长、腰围高。

（2）胸围所对应的围度部位是颈围,总肩宽。

（3）腰围所对应的围度部位是臀围。

附表Ⅲ　各类衣料的缩水率

品　　种			缩水率%	
			经向(长度)	纬向(门幅)
棉/维混纺织品 (含维纶50%)	卡其,华达呢		5.5	2
	府绸		4.5	2
	平布		3.5	3.5
粗纺羊毛 化纤混纺织品	化纤含量在40%以下		3.5	4.5
	化纤含量在40%以上		4	5
精纺毛型	含涤纶40%以下		2	1.5
化纤织品	含腈纶50%以上		3.5	3
化纤丝绸织品	醋纤丝织品		5	3
	纯人造丝织品		8	3
	涤纶长丝织品		2	2
	涤/粘绢混纺织品 (涤65%、粘25%、绢10%)		3	3
精纺呢绒	纯毛或羊毛含量在70%以上		3.5	3
	一般毛织品		4	3.5
粗纺呢绒	呢面或紧密的露纹织物	羊毛含量60%以上	3.5	3.5
		羊毛含量60%以下及混纺	4	4
	绒面织物	羊毛含量60%以上	4.5	4.5
		羊毛含量60%以下	5	5
	松结构织物		5以上	5以上
丝绸织物	桑蚕织物(直丝织品)		5	2
	桑蚕丝与其它纤维纺织物		5	3
	绉绒品和纹纱织物		10	3
化纤及混纺织品	粘胶纤维织品		10	

品　　种		缩水率%	
		经向(长度)	纬向(门幅)
涤棉混纺织品	平布细纺、府绸	1	1
	卡其、华达呢	1.5	1.2
涤粘混纺织品(含涤纶65%)		2.5	2.5
丝光布	平布(粗支、中支、细支)	3.5	3.5
	斜纹、哔叽、贡呢	4	3
	府绸	4.5	2
	纱卡其、纱华达呢	5	2
	线卡其、线华达呢	5.5	2
平光布	平布(粗支、中支、细支)	6	2.5
	纱卡其、纱华达呢、纱斜纹	6.5	2
经防缩整理	各类印染布	1－2	1－2
色织棉布	男女线呢	8	8
	条格府绸	5	2
	被单布	9	5
	劳动布(预缩)	5	5
	二六元贡	11	5

第二节 女上装推板实例操作

女装5.4系列的基本样板缩放档差说明(图8-2)

单位:cm

序号	部位名称	缩放系数	推档差依据
①	衣长	2	0.4的号加4cm
②	腰节	1	0.2的号
③	$\frac{1}{4}$胸围	1	胸围号型档差4cm的$\frac{1}{4}$
④	前领宽	0.16	领围号型档差0.8cm的$\frac{1}{5}$
⑤	前领深	0.16	领围号型档差0.8cm的$\frac{1}{5}$
⑥	后领宽	0.16	领围号型档差0.8cm的$\frac{1}{5}$
⑦	$\frac{1}{2}$肩宽	0.5	肩宽号型档差1cm的$\frac{1}{2}$
⑧	$\frac{1}{2}$背宽	0.6~0.5	肩宽号型档差1cm的$\frac{1}{2}$加0.1cm
⑨	$\frac{1}{2}$胸宽	0.6~0.5	肩宽号型档差1cm的$\frac{1}{2}$加0.1cm
⑩	袖窿深	0.5~0.4	腰节档差1cm的$\frac{1}{2}$(肩端点)
⑪	袖窿宽	0.8~1	腰围档差减胸背宽档差余数的$\frac{1}{2}$
⑫	省尖点	0.3	胸宽档差的$\frac{1}{2}$
⑬	口袋高线	0.6	衣长档差的$\frac{1}{3}$
⑭	袖长	长袖1.5 短袖0.5	长袖0.3的号加8~9cm,短袖0.的号+6~cm
⑮	袖山深	0.5	前后袖窿深之和的$\frac{1}{2}$
⑯	袖衬线	1	0.2的号
⑰	袖肥宽	0.7~0.5	根据勾股定理$a^2 + b^2 = c^2$
⑱	袖口宽	0.3~0.5	袖口号型基本档差

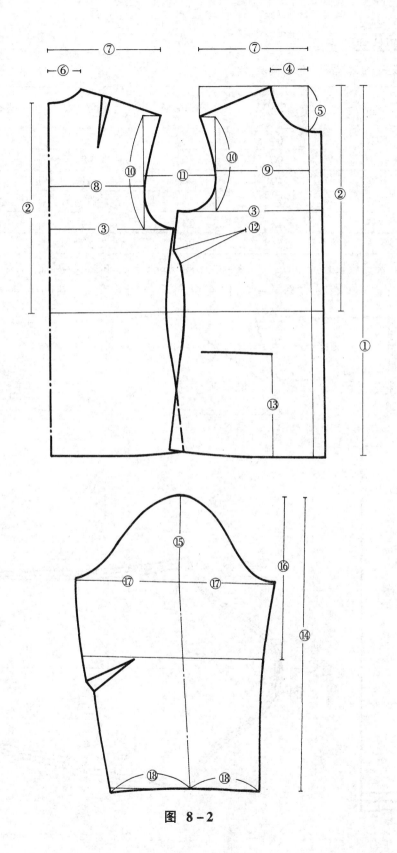

图 8-2

一、四片式女上装

1. 设置 5.4 系列的规格系列

单位:cm

号型 部位　规格	155/80A	160/84A	165/88A	档差系数
衣长	64	66	68	2
胸围	90	94	98	4
肩宽	39	40	41	1
袖长	52.5	54	55.5	1.5
袖口	13	13.5	14	0.5
领围	35.4	36.2	37	0.8

2. 设衣身胸围线与前后中心线为公共线;袖子设袖肥线与袖中心线为公共线。

3. 先作纬向档距线断 A－C,再作纵向部位档差交点,划两端连中间。

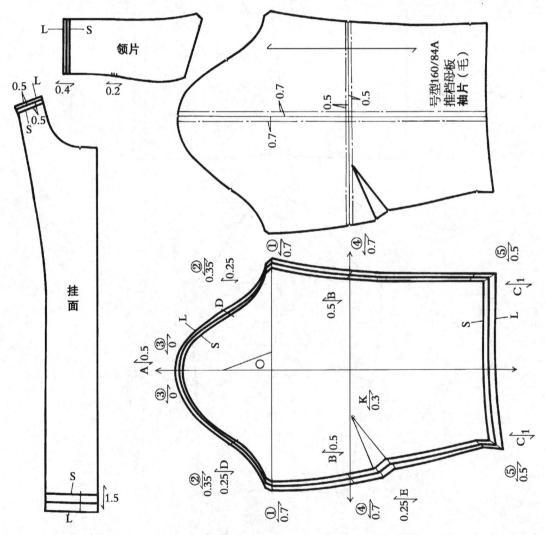

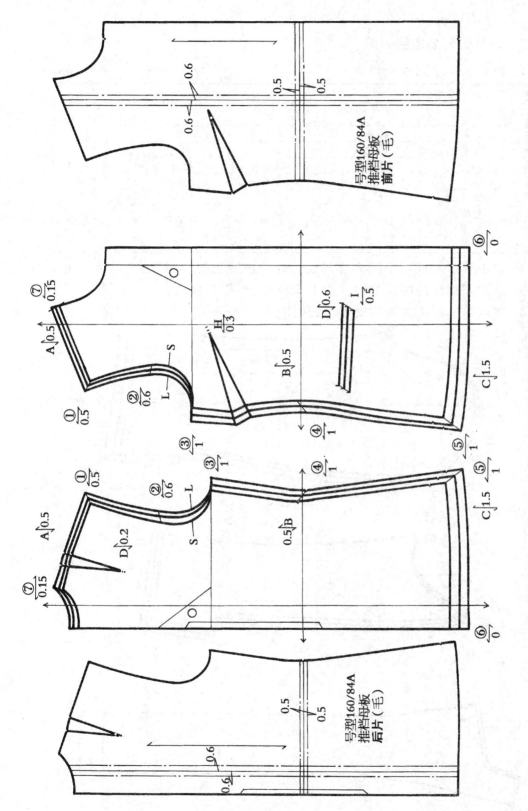

号型160/84A
推档母板
前片（毛）

0.6
0.6
0.5
0.5

$\frac{⑦}{0.15}$
$A\downarrow 0.5$
$\frac{②}{0.6}$ L
$\frac{①}{0.5}$
S
$\frac{H}{0.3}$
$B\downarrow 0.5$
$D\downarrow 0.6$
$\frac{I}{0.5}$
$\frac{④}{1}$
$\frac{③}{1}$
$C\downarrow 1.5$
$\frac{⑤}{1}$
$\frac{⑥}{0}$

$\frac{①}{0.5}$
$\frac{②}{0.6}$ L
S
$\frac{③}{1}$
$\frac{④}{1}$
$A\downarrow 0.5$
$D\downarrow 0.2$
$0.5\downarrow B$
$C\downarrow 1.5$ $\frac{⑤}{1}$
$\frac{⑦}{0.15}$
$\frac{⑥}{0}$

注：推板顺序：先按字母序推，再按数字序推（先横后纵），下同。

号型160/84A
推档母板
后片（毛）

0.5
0.5
0.6
0.6

255

二、八片刀背公主线时装

1. 设置 5.4 系列的规格系列

单位:cm

部位 \ 号型 规格	155/80A	160/84A	165/88A	档差系数
衣长	66	68	70	2
胸围	92	96	100	4
肩宽	39.6	40.6	41.6	1
袖长	55	56.5	58	1.5
袖口	12.0	12.5	13.0	0.5
腰节	39	40	41	1
腰围	74	78	82	4
臀围	94.8	98.4	102	3.6

2. 设上平线与前后中线为公共线。袖子设袖肥线、前侧缝线为共公线。

3. 以中间样板为母板推档。先上下移动,后左右移动。

4. 按编号推板法。先找交点,后作连线。

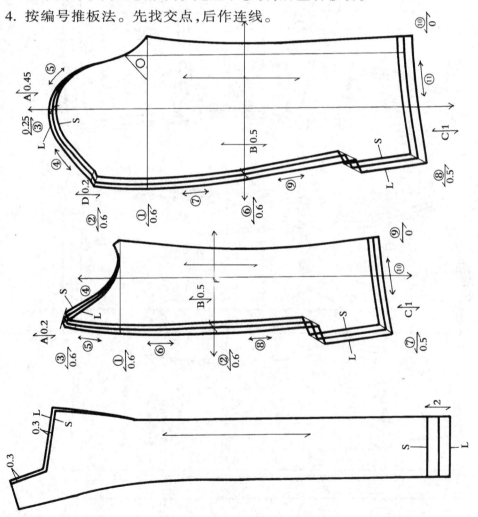

256

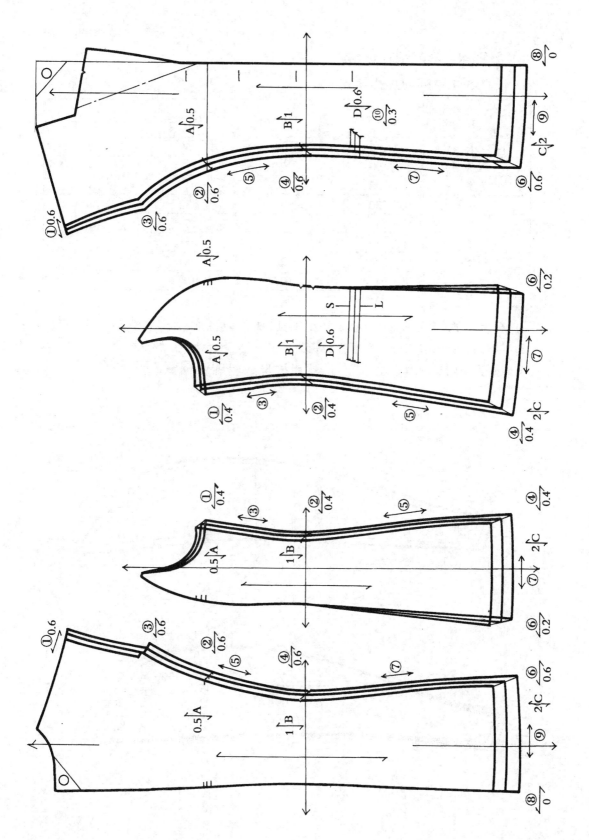

257

三、肩颈公主线分割春秋衫

1. 设置 5.4 系列的规格系列

单位:cm

部位 号型 规格	155/80A	160/84A	165/88A	档差系数
衣长	56	58	60	2
胸围	90	94	98	4
肩宽	38	39	40	1
袖长	30	31	32	1
袖口	14.5	15	15.5	0.5
腰节	39	40	41	1
腰围	74	78	84	4
臀围	94.4	98	101.6	3.6

2. 衣身以胸围线前后中缝线为公共线,袖子以袖肥线与袖中心线为公共线。

3. 母板纵线设 0.3cm 平行线,纬线腰节线上下平行 0.5cm。

4. 按序号划出上下、左右交点,然后按母板轮廓线连接。

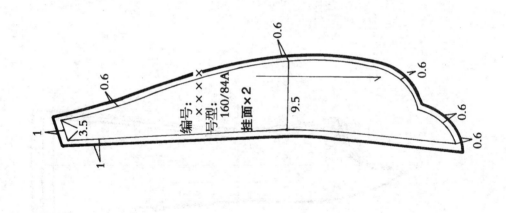

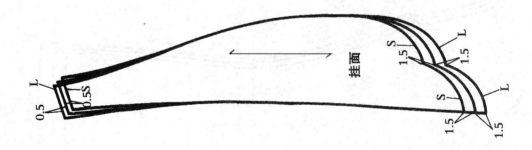

258

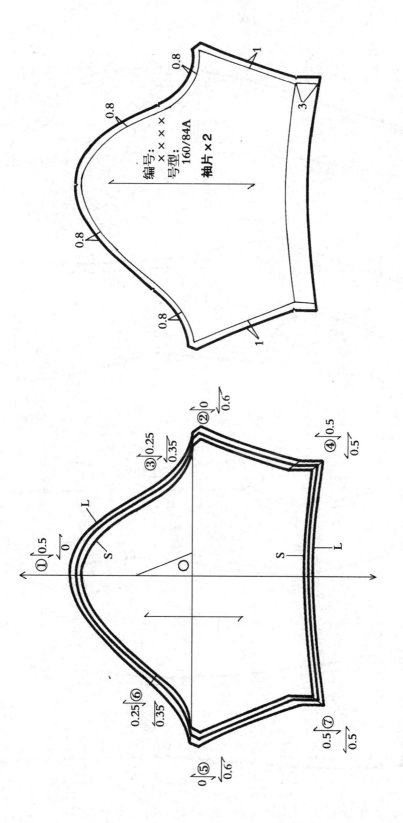

编号：××××
号型：160/84A
袖片×2

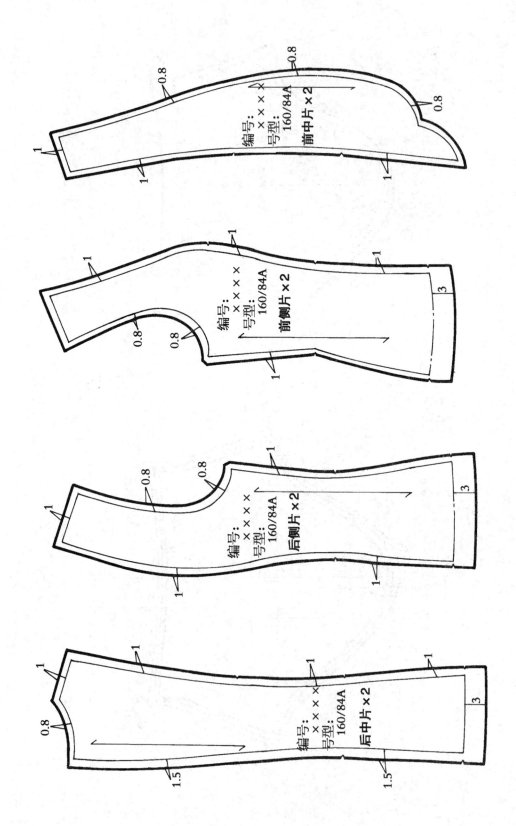

编号：×××
号型：160/84A
前中片×2

编号：××××
号型：160/84A
前侧片×2

编号：××××
号型：160/84A
后侧片×2

编号：×××
号型：160/84A
后中片×2

260

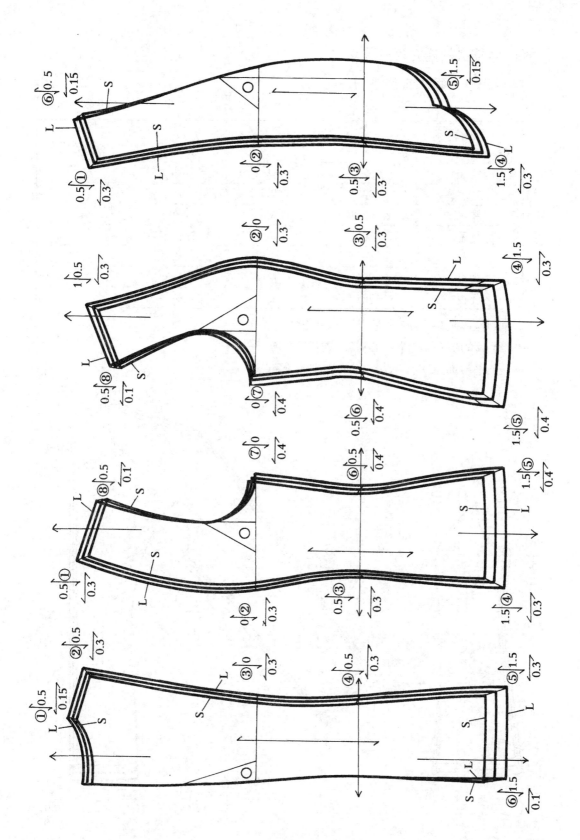

四、半连身袖连立领时装衫

1. 设置 5.4 系列规格系列

单位:cm

部位\规格\号型	155/80A	160/84A	165/88A	档差系数
衣长	62	64	66	2
腰节长	39	40	41	1
胸围	92	96	100	4
肩宽	39	40	41	1
袖长	55	56.5	58	1.5
袖口	12.5	13	13.5	0.5
腰围	78	82	86	4

2. 设胸背宽线与胸围线为公共线

3. 母板的纵线平行 0.6cm,纬线平行 0.5cm。

4. 按序号找交点,用母板划出外轮廓线。

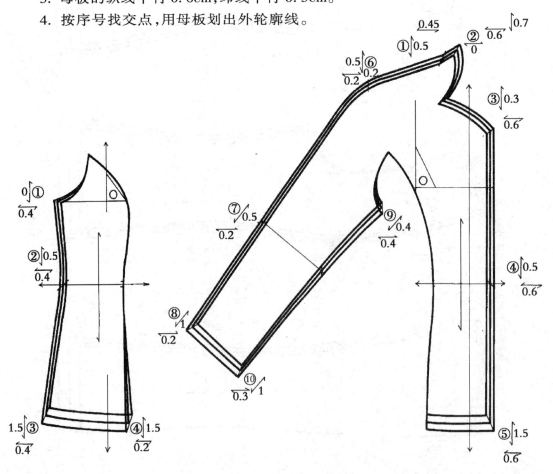

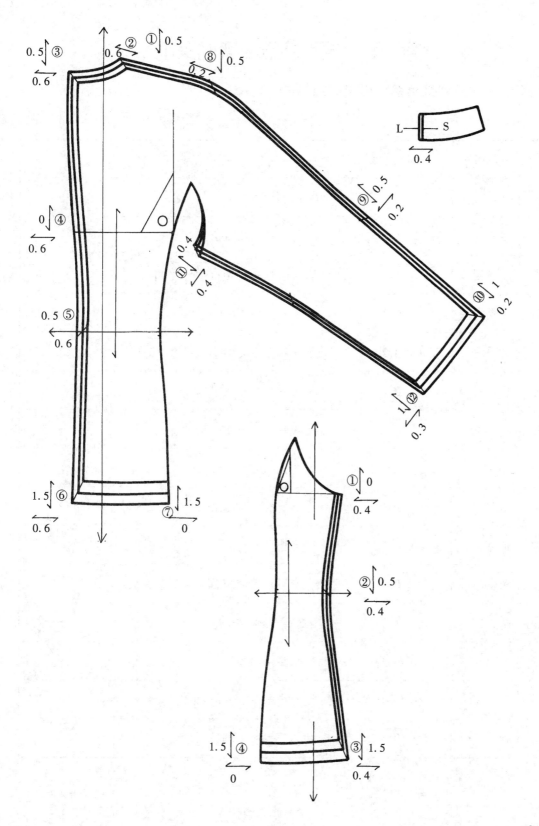

第三节 男上装推板实例操作

男装 5.4 系列推档系数说明(图 8-3)

单位:cm

序号	部位名称	缩放系数	推档档差依据
①	衣长	2	0.4 的号加 6cm
②	腰节	1.2	$\frac{1}{4}$ 的号减 0.05cm
③	$\frac{1}{4}$ 胸围	1	胸围号型档差 4cm 的 $\frac{1}{4}$
④	前领宽	0.2	领围号型档差的 $\frac{1}{5}$
⑤	前领深	0.2	领围号型档差的 $\frac{1}{5}$
⑥	后领宽	0.2	领围号型档差的 $\frac{1}{5}$
⑦	$\frac{1}{2}$ 肩宽	0.6	肩阔号型档差 1.2cm 的 $\frac{1}{2}$
⑧	$\frac{1}{2}$ 背宽	0.65	$\frac{1}{2}$ 肩宽档差加 0.05cm
⑨	$\frac{1}{2}$ 胸宽	0.65	$\frac{1}{2}$ 肩宽档差加 0.05cm
⑩	袖窿深	0.6	腰节档差的 $\frac{1}{2}$
⑪	袖窿门	0.7	$\frac{1}{2}$ 胸围档差减前后胸背宽的余数
⑫	袖长	1.5	0.3 的号加 8cm
⑬	袖山深	0.6~0.4	与袖窿深档差同增减
⑭	袖肥宽	0.5~0.8	按勾股定理 $c^2 = a^2 + b^2$
⑮	袖口宽	0.5	袖口号型基本档差

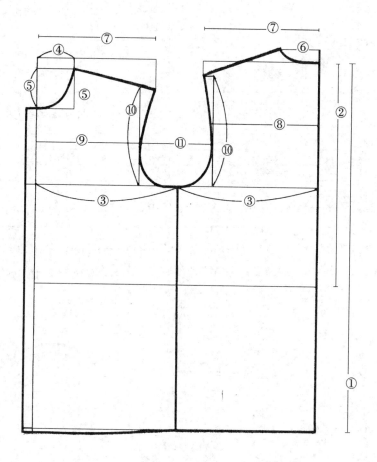

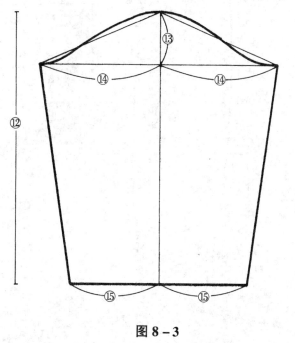

图 8 - 3

265

一、男西服

1. 5.4 系列男西装规格系列

部位 \ 规格 号型	165/84A	170/88A	175/92A	档差系数
衣长	72.0	74.0	76.0	2.0
胸围	102.0	106.0	110.0	4.0
肩宽	44.3	45.5	46.7	1.2
袖长	57.0	58.5	60.0	1.5
袖口	1.5	15.0	15.5	0.5(隔档计算)
腰节	41.3	42.5	43.7	1.2

2. 母板的腰节线上下平行线间距为 0.6cm,纵向平行线的间距为 0.65cm。

3. 前后衣设上平线与前后中线为公共线。袖子设袖肥线与前偏袖线为公共线。

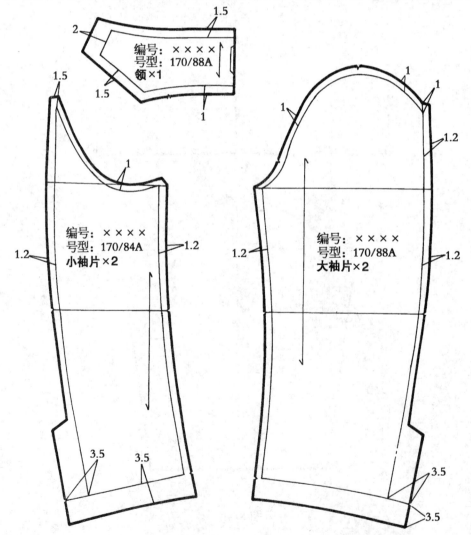

266

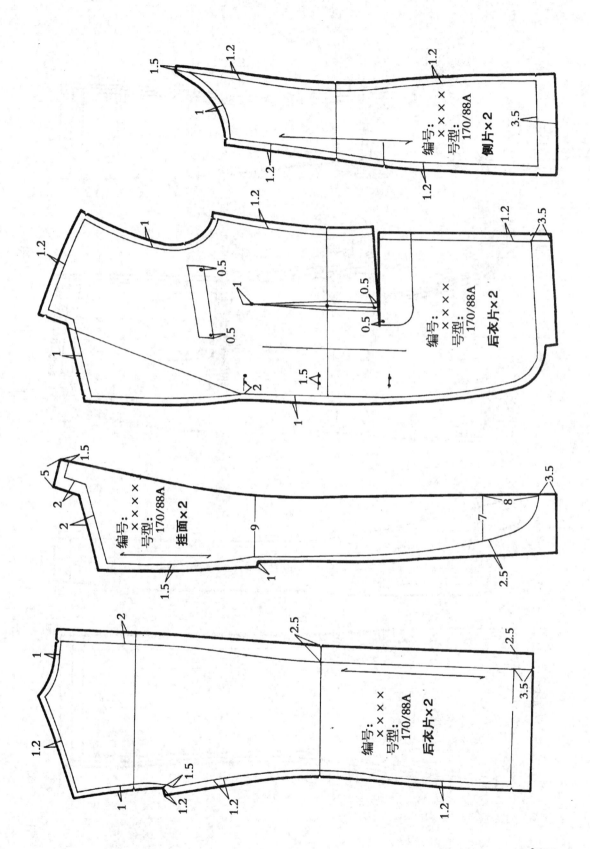

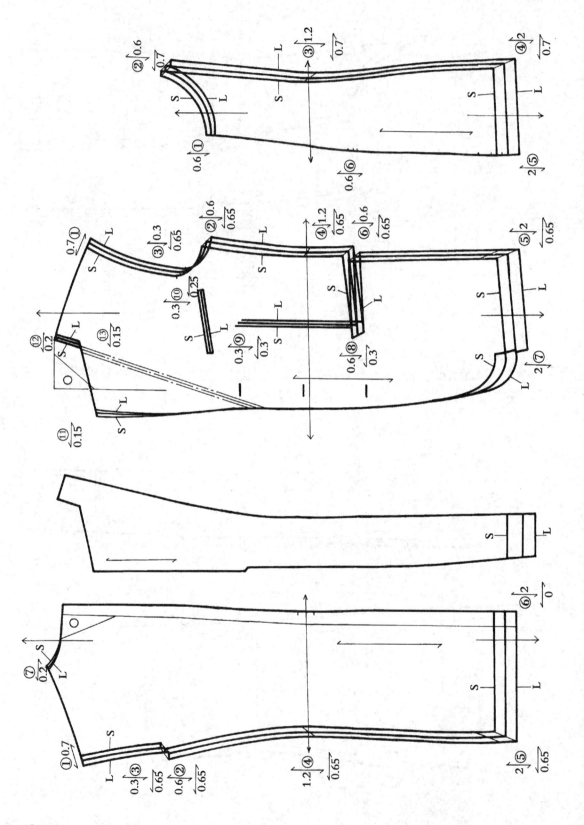

268

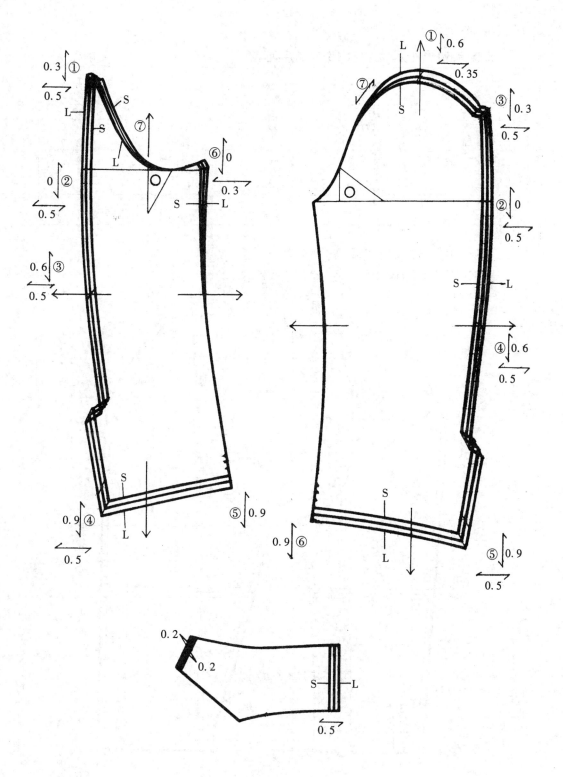

二、男中长大衣

1. 5.4系列男中长大衣推档规格系列表　　　　　　　　　　单位:cm

部位 \ 规格 \ 号型	170/88A	175/92A	180/96A	档差系数
衣长	107	110	113	3
胸围	120	124	128	4
肩阔	48.8	50	51.2	1.2
袖长	61.5	63	64.5	1.5
袖口	18.5	19	19.5	0.5
腰节	43.8	45	46.5	1.2
领围	46	47	48	1
口袋大	19	19.5	19.5	0.5(隔档计算)

2. 设胸围线与胸宽、背线为公共线。

3. 按序号划出档距交点,按母板划出外轮廓线。

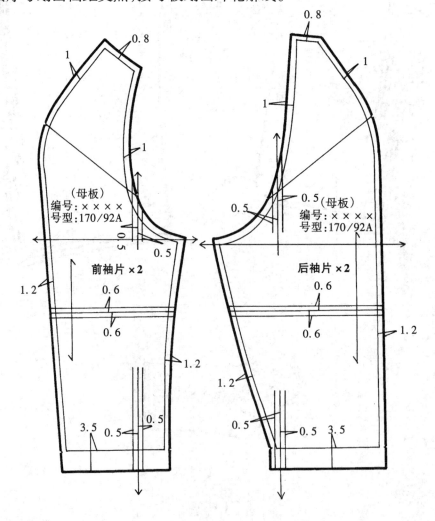

270

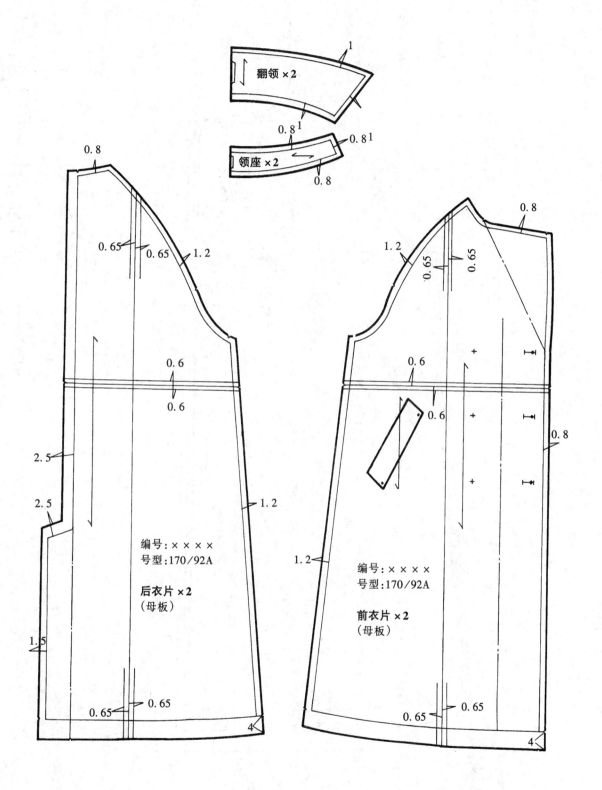

翻领 ×2

领座 ×2

0.8

0.65   0.65   1.2

0.6

0.6

2.5

2.5

1.2

1.5

编号:××××
号型:170/92A

后衣片×2
(母板)

0.65   0.65

4

1.2   0.65   0.65

0.8

0.6

0.6

0.8

1.2

编号:××××
号型:170/92A

前衣片×2
(母板)

0.65   0.65

4

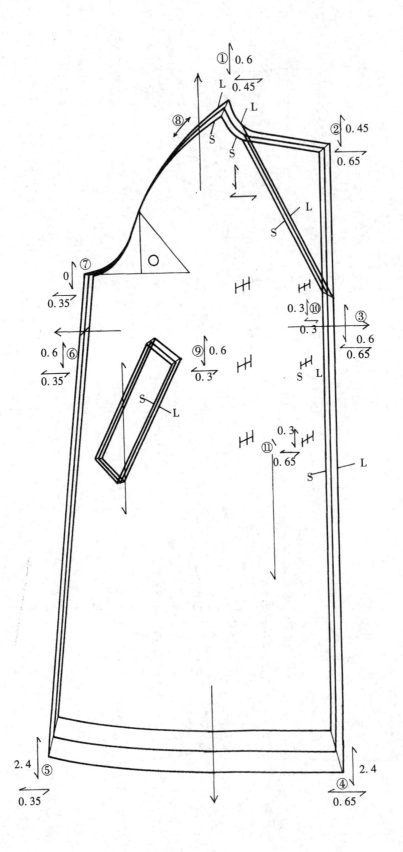

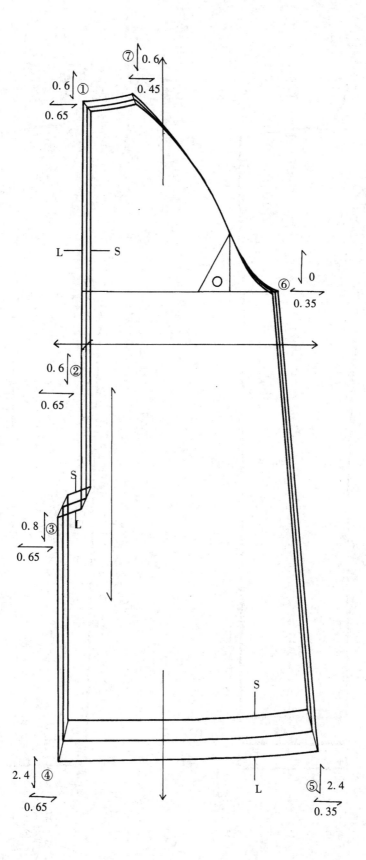

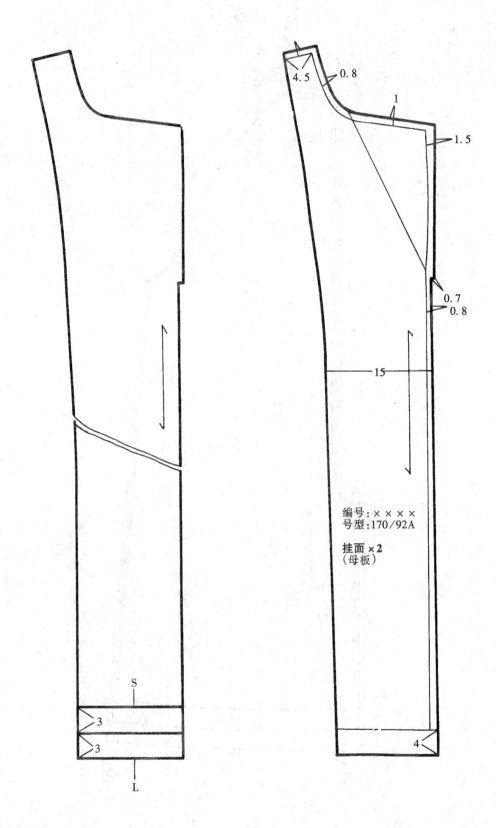

4.5

0.8

1

1.5

0.7
0.8

15

编号：××××
号型：170/92A

挂面×2
（母板）

4

S

3

3

L

274

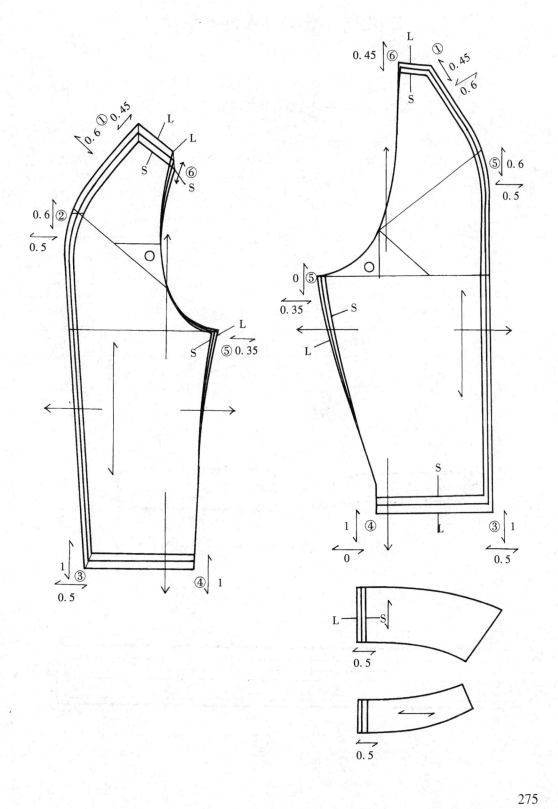

275

第四节　裤子推板实例操作

一、女西裤

5.4 系列女裤样板规格系列

单位:cm

部位 \ 规格 号型	150/60A	155/64A	160/68A	165/72A	170/76A	档差系数
裤长	94	97	100	103	106	3
直裆	27.0	27.5	28.0	28.5	29.0	0.5
臀高	17	17.5	18	18.5	19	0.5
腰围	62	66	70	74	78	4
臀围	88.8	92.4	96	99.6	103.2	3.6
脚口	18	18.5	19	19.5	20	0.5

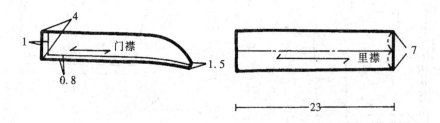

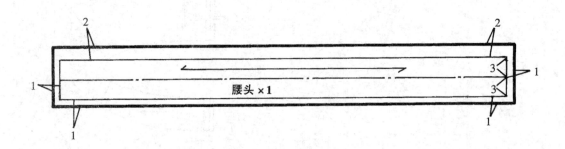

276

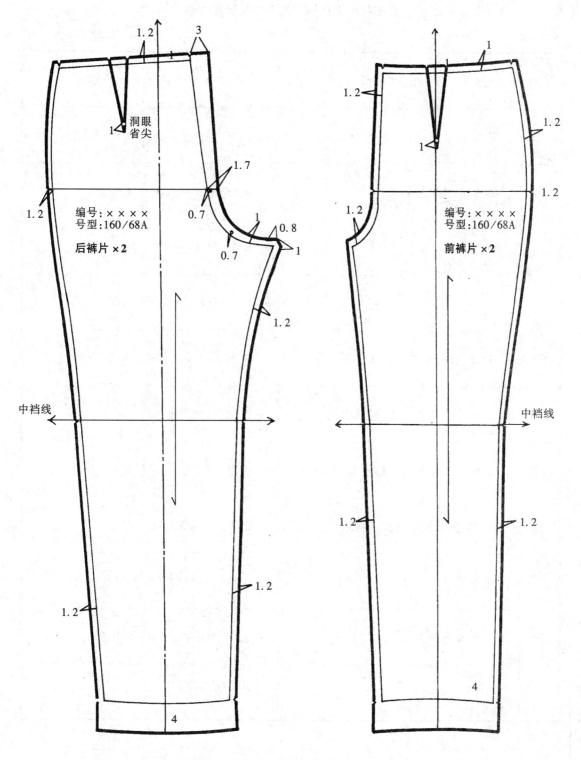

女裤母板(毛样)

女裤前片推档档距的分配及计算方法

单位:cm

序号	纵向档距缩放的计算方法	纬向档距缩放的计算方法
①	∫ 0.5 直裆档差	↩ 0.35 腰围档差的 $\frac{1}{4}$ 减 0.65
②	∫ 0.5 直裆档差	↩ 0.65 腰围档差的 $\frac{1}{4}$ 减 0.35
③	∫ 0.5 臀高档差	↩ 0.55 臀围档差的 $\frac{1}{4}$ 减 0.35
④	∫ 0 共公线	↩ 0.5 挺缝线对称同于⑨点
⑤	∫ 1.25 裤长档差减直裆档差的 $\frac{1}{2}$	↩ 0.35 ④点档距加⑥点档距之和的 $\frac{1}{2}$
⑥	∫ 2.5 裤长档差减直裆档差	↩ 0.25 脚口档差的 $\frac{1}{2}$
⑦	∫ 2.5 裤长档差减直裆档差	↩ 0.25 脚口档差的 $\frac{1}{2}$
⑧	∫ 1.25 裤长档差减直裆档差的 $\frac{1}{2}$	↩ 0.35 同⑤点
⑨	∫ 0 共公线	↩ 0.5 0.04 臀的档差加⑩点档距
⑩	∫ 0.5 臀高档差	↩ 0.35 臀围档差的 $\frac{1}{4}$ 减 0.55
⑪	∫ 0.17 直裆档差的 $\frac{1}{3}$	↩ 0 公共线

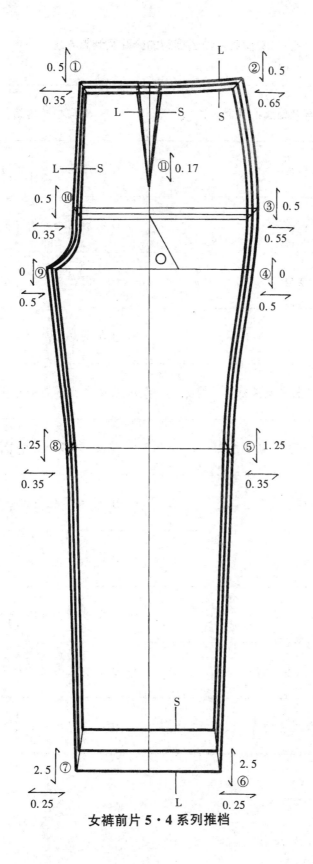

0.5 ①
0.35
L
② 0.5
0.65
L — S
L — S
S
L — S
⑪ 0.17
0.5 ⑩
0.35
③ 0.5
0.55
○
0 ⑨
0.5
④ 0
0.5
1.25 ⑧
0.35
⑤ 1.25
0.35
S
2.5 ⑦
0.25
⑥ 2.5
0.25
L

女裤前片 5·4 系列推档

女裤后片推档档距的分配及计算方法

单位:cm

序号	纵向档距缩放的计算方法	纬向档距的缩放计算方法
①	♪ 0.5 直裆档差	↩ 0.2 腰围档差 $\frac{1}{4}$ 减 0.8
②	♪ 0.5 直裆档差	↩ 0.8 腰围档差的 $\frac{1}{4}$ 减 0.2
③	♪ 0.5 臀高档差	↩ 0.7 臀围档差的 $\frac{1}{4}$ 减 0.2
④	♪ 0 共公线	↩ 0.6 同⑨点
⑤	♪ 1.25 裤长档差减直裆档差的 $\frac{1}{2}$	↩ 0.4 ④点档距加⑥点档距之和的 $\frac{1}{2}$
⑥	♪ 2.5 裤长档差减直裆档差	↩ 0.25 脚口档差的 $\frac{1}{2}$
⑦	♪ 2.5 裤长档差减直裆档差	↩ 0.25 脚口档差的 $\frac{1}{2}$
⑧	♪ 1.25 同⑤	↩ 0.4 同⑤
⑨	♪ 0 公共线	↩ 0.6 臀围档差的 $\frac{1}{10}$ + 0.2
⑩	♪ 0.5 臀高档差	↩ 0.2 臀围档差减 0.7
⑪	♪ 0.25 直裤档差的 $\frac{1}{2}$	↩ 0.4 ②点档距的 $\frac{1}{2}$

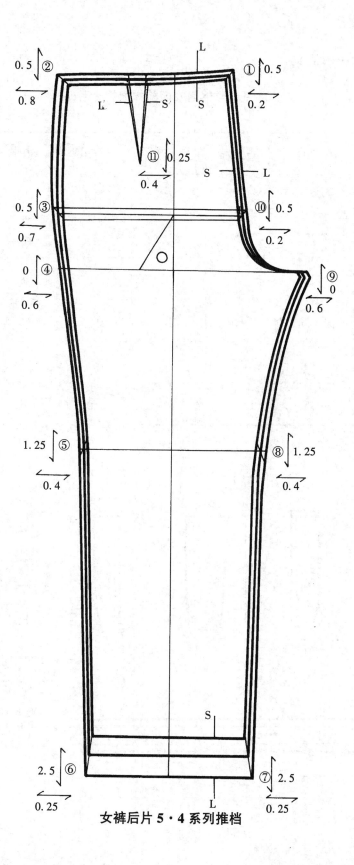

女裤后片 5·4 系列推档

二、休闲式男西裤

5.2 系列男休闲式西裤样板规格系列

单位:cm

部位＼规格	160/70A	165/72A	170/74A	175/76A	180/78A	档差系数
裤长	97	99	102	105	108	3
直裆	27.5	28	28.5	29	29.5	0.5
腰围	72	74	76	78	80	2
臀围	102.8	104.4	106	107.6	109.2	1.6
脚口	21	21.5	22	22.5	23	0.5
袋高	14.5	14.5	15	15	15.5	0.5

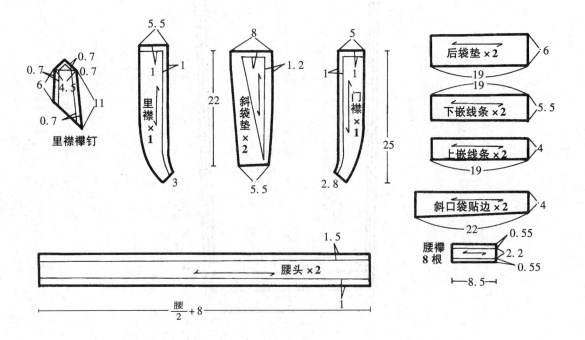

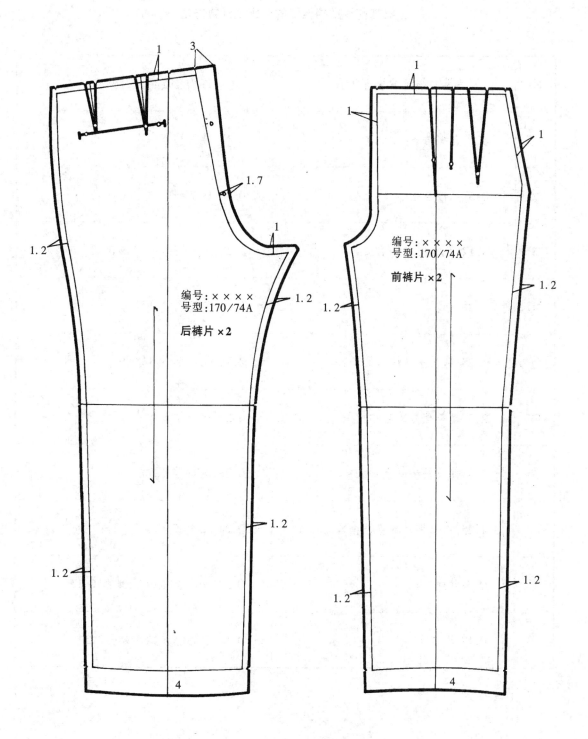

号型:170/74A

编号:××××
号型:170/74A

后裤片×2

编号:××××
号型:170/74A

前裤片×2

男裤母板(毛样)

男裤前片推档档距的分配及计算方法

序号	纵向档距缩放计算法	纬向档距缩放计算方法
①	♪ 0.5 直裆档差	↰ 0.17 腰围档差的 $\frac{1}{4}$ 减 0.33
②	♪ 0.5 直裆档差	↰ 0.33 腰围档差的 $\frac{1}{4}$ 减 0.17
③	♪ 0.17 直裆档差的 1/3	↰ 0.23 臀围档差的 $\frac{1}{4}$ 减 0.17
④	♪ 0 共公线	↰ 0.23 挺缝两端相等
⑤	♪ 1.25 裤长直裆档差的 1/2	↰ 0.24 ④点加 6 点之和 $\frac{1}{2}$
⑥	♪ 2.5 裤长档差减直裆档差	↰ 0.25 脚口档差的 $\frac{1}{2}$
⑦	♪ 2.5 裤长档差减直裆档差	↰ 0.25 脚口档差的 $\frac{1}{2}$
⑧	♪ 1.25 裤长档差减直裆档差	↰ 0.24 相同⑤点
⑨	♪ 0 公共线	↰ 0.23 臀围档差的 0.04 加 0.17
⑩	♪ 0.17 同 3 点	↰ 0.17 臀围档差的 1/4 减 0.23

284

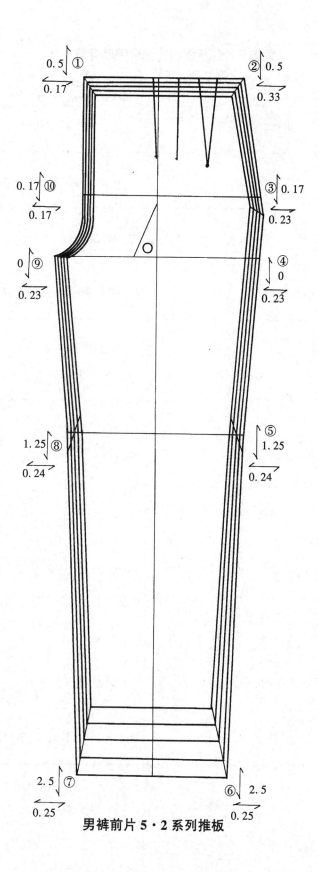

① 0.5
0.17

② 0.5
0.33

⑩ 0.17
0.17

③ 0.17
0.23

0 ⑨
0.23

④ 0
0.23

1.25 ⑧
0.24

⑤
1.25
0.24

2.5 ⑦
0.25

⑥ 2.5
0.25

男裤前片 5·2 系列推板

男裤后片的推档档距的分配及计算方法

单位:cm

序号	纵向档距缩放计算方法	纬向档距缩放计算方法
①	↕ 0.5 直裆档差	↔ 0.4 腰围档差的 $\frac{1}{4}$ 减 0.1
②	↕ 0.5 直裆档差	↔ 0.1 腰围档差的 $\frac{1}{4}$ 减 0.4
③	↕ 0.17 直裆档差的 $\frac{1}{3}$	↔ 0.1 臀围档差的 $\frac{1}{4}$ 减 0.3
④	↕ 0 共公线	↔ 0.3 臀围档差的 $\frac{1}{10}$ 加 0.1
⑤	↕ 1.25 裤长减直裆档差 $\frac{1}{2}$	↔ 0.27 ④点加⑥点档距之和的 $\frac{1}{2}$
⑥	↕ 2.5 裤长档差减直裆档差	↔ 0.25 脚口档差的 $\frac{1}{2}$
⑦	↕ 2.5 裤长档差减直裆档差	↔ 0.25 同上
⑧	↕ 1.25 同 5 点	↔ 0.27 同⑤点
⑨	↕ 0 公共线	↔ 0.3 挺缝线两端相等
⑩	↕ 0.17 直裆档差的 1/3	↔ 0.3 臀围档差的 $\frac{1}{4}$ 减 0.1
⑪	↕ 0.5 依据直裆档差	↔ 0.25 依据①点档距的 $\frac{1}{2}$ 加 0.05

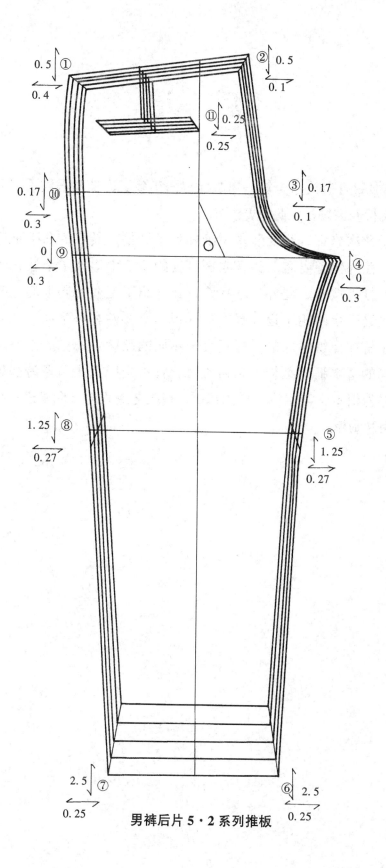

① 0.5 / 0.4

② 0.5 / 0.1

⑪ 0.25 / 0.25

③ 0.17 / 0.1

0.17 ⑩ / 0.3

0 ⑨ / 0.3

④ 0 / 0.3

1.25 ⑧ / 0.27

⑤ 1.25 / 0.27

2.5 ⑦ / 0.25

⑥ 2.5 / 0.25

男裤后片 5·2 系列推板

后　记

　　《服装打板技术全篇》出版已有四年多了，期间得到了广大读者的支持和鼓励，在此深表感谢。

　　借此次修订，将女装基型纸样作了调整。其目的在于更适合现代女性的体型姿态。另在实例打板的章节中增加了个性化服饰造型的打板技术。此外，本次修订还介绍了工业化制板的一些方法，更进一步阐明了设立基本型样板的重要性和科学性，从而让读者了解和懂得不同的样板适合于不同的品牌；不同的面料应用于不同的基本框架结构。总而言之，打板是以款式造型为基础，以人体为根本，以服饰材料为依据，以工艺流程为导向来进行结构的调整和制板。

编　者